私たちNISSYOは、
東京都下の羽村市にある、
トランス、電源装置などを設計・製造する町工場です。
みなさん町工場と聞いて
どんなイメージを持ちますか？

こんなイメージでしょうか？

それともこんな感じ？
実はこれは14年前のわが社です。
でも今は——

今はこんな感じです！
整理・整頓・清潔、ピカピカです！
Bライン

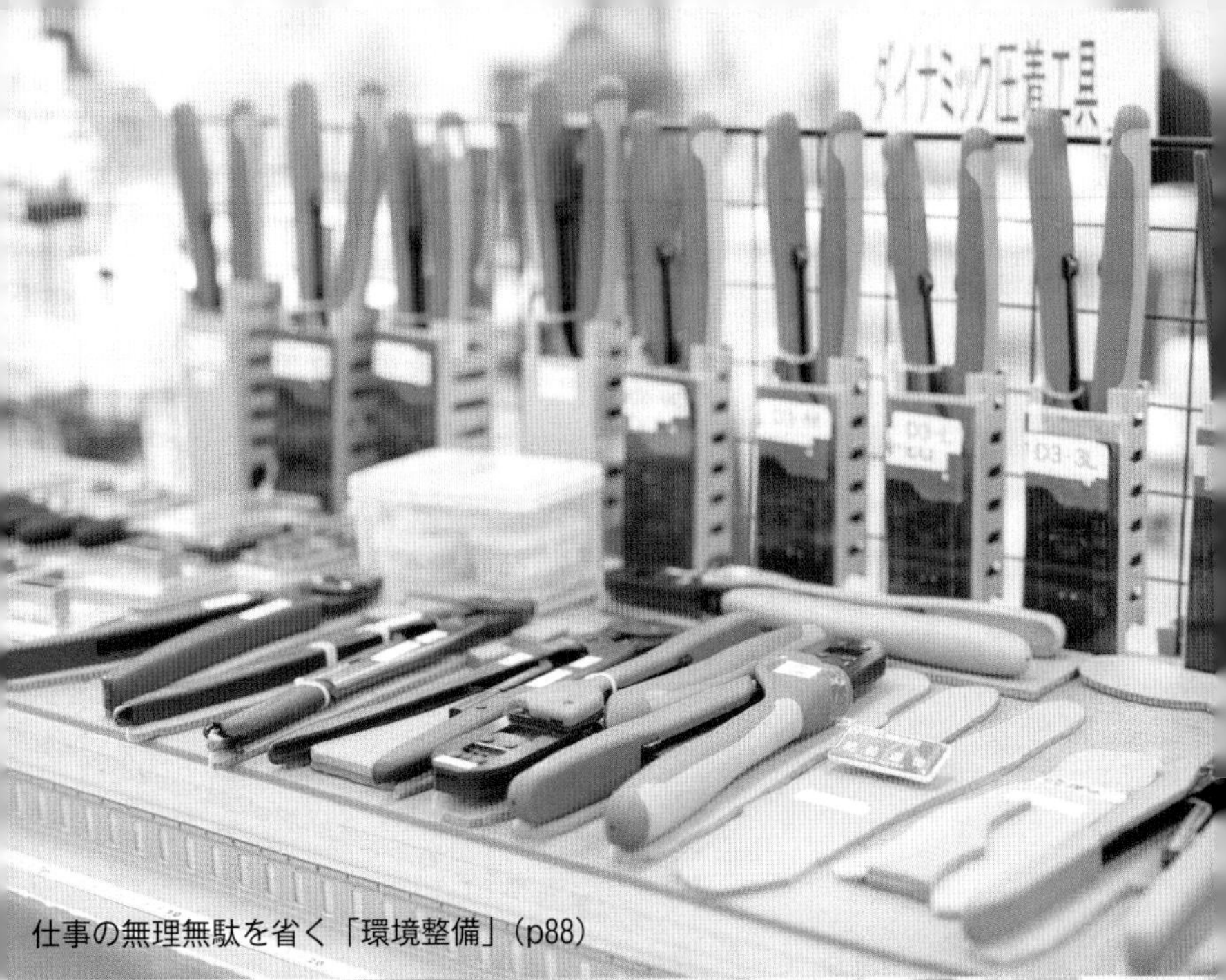

仕事の無理無駄を省く「環境整備」（p88）

きれいな工場は事故防止の効果も

お客様がいらっしゃったらお出迎え。
日本人も、外国人も皆ニコニコ、
ハキハキ挨拶します！

NISSYO

イマム

NISSYO

NISSYO

元気できれいなだけではありません。
技術はもちろん、生産性を高めるさまざまな工夫が
いたるところにあります。

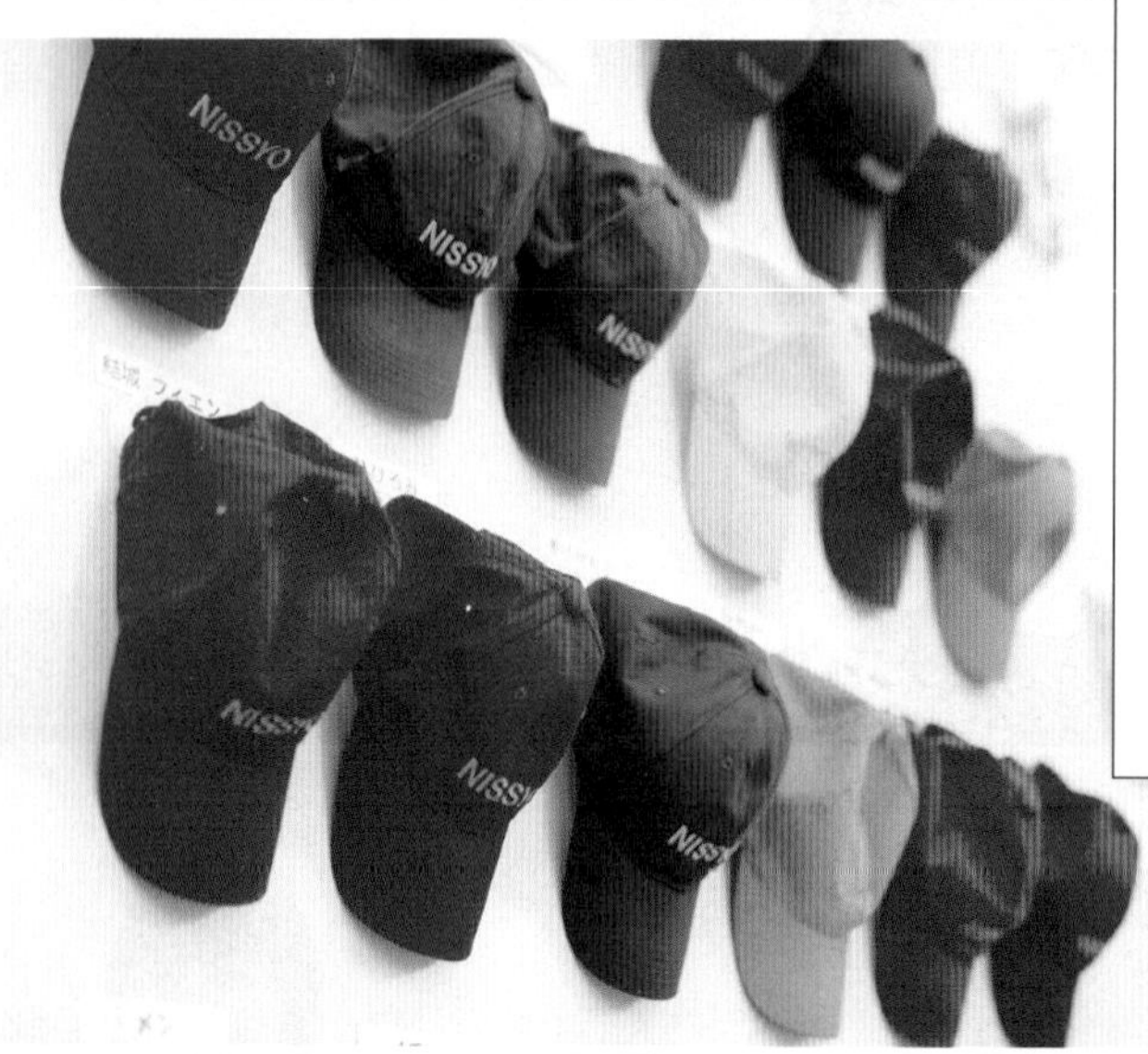

［上］ロボット化で効率アップ（p73）
［下］帽子の色で技術の習熟度がわかる仕組み

結果、通常の3分の1のスピードで納品できる体制ができ上がっています。

［上］ペーパーレス会議アプリを図面共有に転用し「図面待ち」を解消(p115)
［下］マニュアル（作業手順書）はクラウド上にアップ。初心者に改訂作業をさせ、誰でもわかる内容に（p77）

教育にも力を入れています。
ものづくりは、人づくりだからです。

月１度、全員が参加し業務改善策を発表する「現玉大作戦」（p110）

人を大切にするから、
社内のコミュニケーションが円滑になるさまざまな仕組みを導入しています。
そのような取り組みの結果――

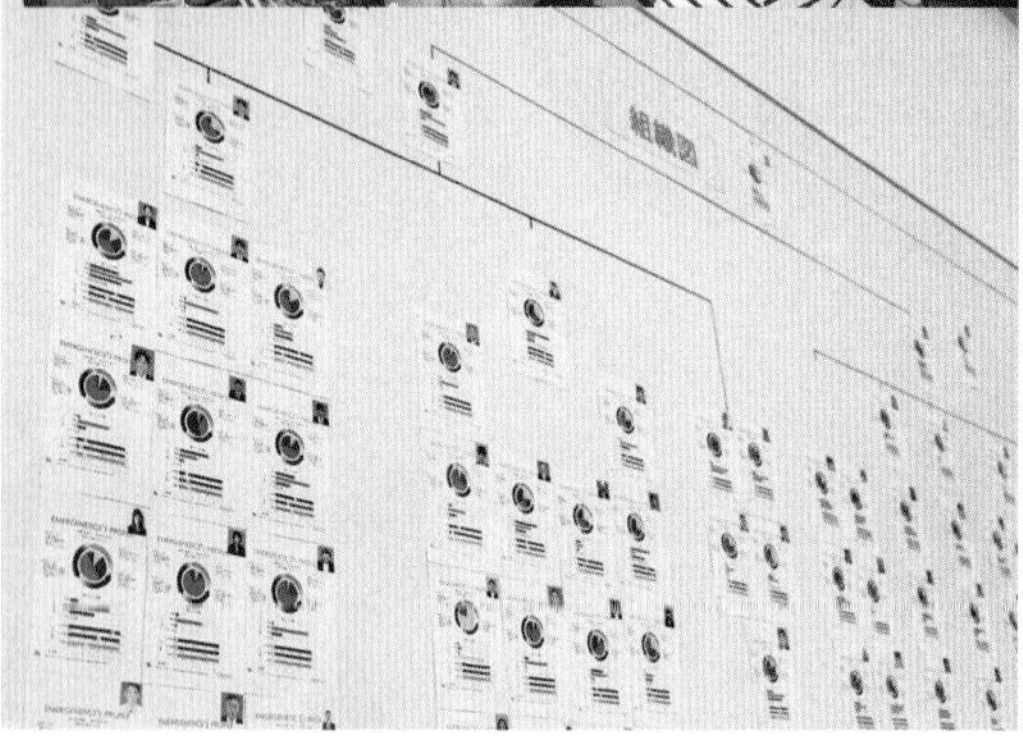

［上］毎月１回行う社内イベント（p170）
［中］飲み会も仕組み化（p170）
［下］診断ツールの結果を共有し、コミュニケーションを円滑化（p152）

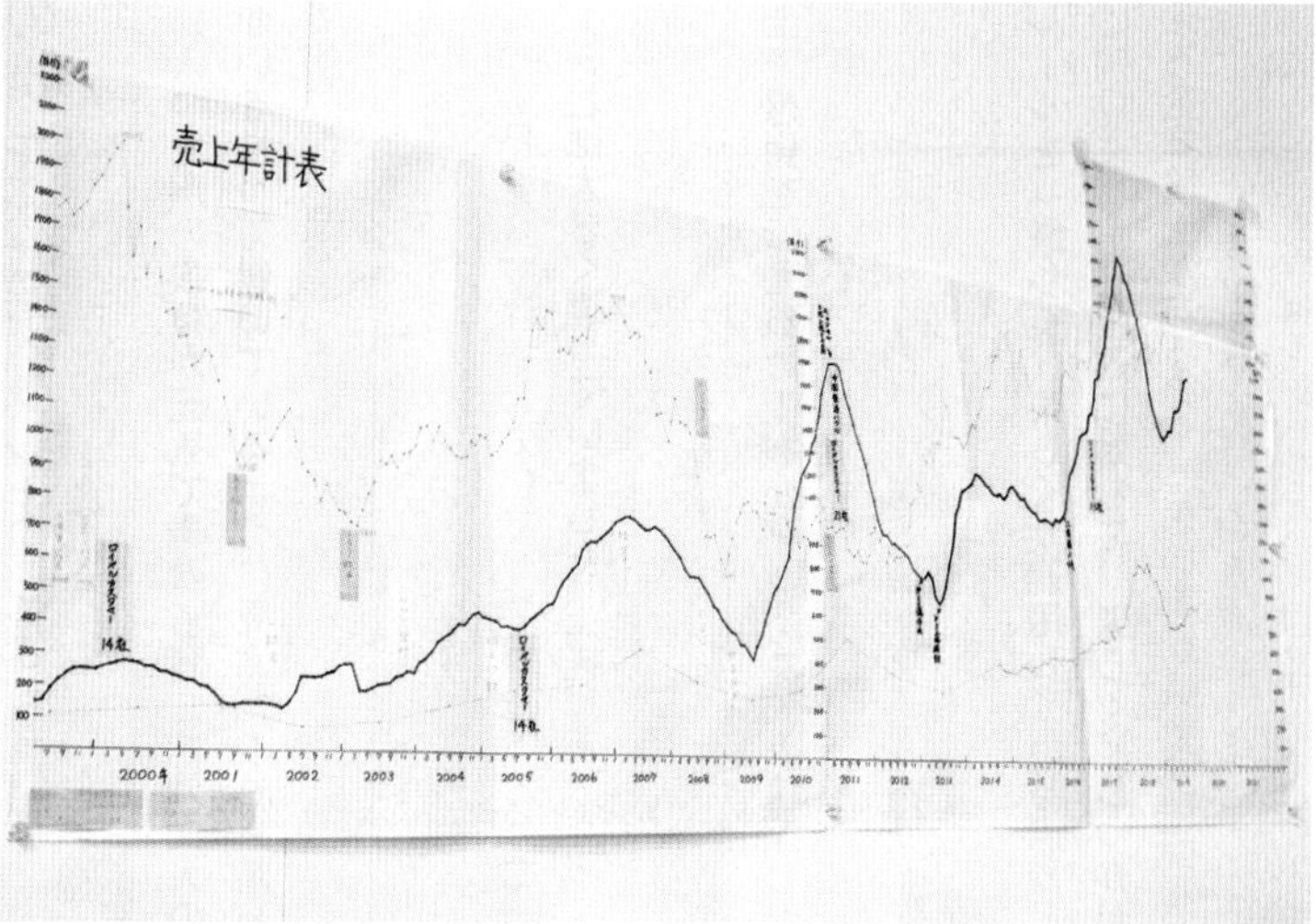

20年で売上10倍！

さまざまな賞も受賞し、
国内外からご依頼が殺到しています！

- 経済産業省・中小企業庁「はばたく中小企業・小規模事業者300社」2019
- MCPC（モバイルコンピューティング推進コンソーシアム）「MCPC award 2018」
- 経済産業省「地域未来牽引企業」2018

見学者の声をご紹介しましょう。

工場内に入った際の**挨拶が元気で素敵**でした。**外国人の方がやりがいを持って働いている**ように見えたのも素晴らしかったです。（経営者）

みなさん、iPadで作業していて、**想像している「工場」のイメージとは大きく違っていました。**（経営者）

社員同士で感謝を伝えるカードがアットホームに感じ魅力的に思えました。（学生）

決めたルールを「厳しく、楽しく」運用している点がとても印象に残りました。**困難に対して、楽しく、しっかりと向き合える企業風土がある**のだと思います。（金融機関職員）

定位置、定品、定量の「三定管理」を徹底する（p89）

ご来社された皆さまが、口をそろえて言われることがあります。

貴社が製造業とは思えない、例えるなら**サービス業を超えるサービスを実施している**企業だということを、社内に足を踏み入れたときから、その違いを肌で感じることができました。（金融機関職員）

綿密で、精密な経営分析やオペレーションにもかかわらず、とても**柔軟な発想が横軸に貫かれていて**感動しました。社長のヴァイタリティーや誠実さという**DNAが、社員のみなさんに引き継がれている**ようで、とてもあたたかさを感じます。（経営者）

「企業は人なり」という言葉をここまで体現し、経営に反映させていることに驚きました。（公務員）

朝礼で会社のルールブック経営計画書を読み合わせ（p147、172）

「こんな町工場、ありえない!!」

ありえない町工場、

NISSYOへようこそお越しくださいました!

20年で売上10倍！　見学希望者殺到！

ありえない！町工場

株式会社NISSYO
代表取締役社長
久保寛一

あさ出版

はじめに

ありえない町工場、ここがありえない！

●汚い、暗い、キツイ工場からの脱却！

私が代表取締役を務める「株式会社NISSYO《ニッショウ》」（東京都羽村市）は、「トランス」（変圧器／トランスフォーマーの略）を製造する町工場です。

トランスとは、変圧器のことです。

たとえば、発電所でつくられる電気は、何万ボルトという高圧の電気です。この高圧の電気を一般家庭のコンセントで使用するためには、電圧を100ボルトにまで下げる必要があります。このとき電圧を変える装置がトランスです。

当社では、電車用のトランスや、半導体製造装置のトランス、データセンターに用いられるトランスなど、特殊用途のトランスを設計・製造しています。

創業は、１９６７年（昭和42年）。祖父から織物会社（久保新織物《くぼしんおりもの》）を引き継いだ先代（私の父）が、織物業から電気関連事業へ転業し、「日昭工業株式会社」（２０１８年に「ＮＩＳＳＹＯ」へ社名変更）を興《おこ》しました。

日昭工業は久保新織物の建屋の一部を借りて創業。従業員は10名ほど。初年度の売上は１２００万円。吹けば飛ぶような、典型的な下請け工場でした。

私が入社したのは、１９８９年（平成元年）です。１９９３年に社長に就任したものの、経営者としての自覚に乏しく、その後も鳴かず飛ばずの状態が続きました。

１９９６年に入社した大野充生（現在は取締役）は、当時の様子を次のように振り返ります。

「私が入社したころは年商2億円ほどの小さな会社で、1・5億円くらいまで業績が落ち込んだ年もありました。当時従業員は34人いて、そのうち半分がパートさん。けれどいつの間にかパートさんがひとりもいなくなってしまい、社員だけで黙々と、夜中まで働いた時期もありました。

社内の雰囲気は暗くて、ギスギスしていて、誰も挨拶をしない。

工場はびっくりするほど汚い。

トイレも汚い。

仕事はない。

売上もない。

目標もない。

人手もない。

モラルもない。あろうことか、ストーブの真横でタバコを吸いながら仕事をする工員もいました。

よく潰れなかったと思います（笑）」（大野充生）

かつての日昭工業は、汚い、暗い、キツイ職場で（笑）、多くの従業員が辞めていきました。

ですが、今は違います。

私と大野が過去の出来事を笑い話にできるのは、ＮＩＳＳＹＯが「典型的な下請け工場」からの脱却に成功して、成長・発展・飛躍を遂げているからです。

社長就任当初、１・８億円だった売上は、現在**20億円**。じつに**11倍**もの成長です。

●ＮＩＳＳＹＯは、他の中小製造業とどこが違うのか？

苦境にあえぐ中小・零細企業が多いなかで、当社は充実した社員教育と、「全員参加型の経営」によって、業績を順調に伸ばしてきました。

他の製造業者からベンチマーク（指標）されることも多く（これまでに４００社の工場見学を受け入れています）、当社の業務改善の成果は、見学者からも、

「中小の町工場としては、ありえないほど高いレベルにある」
「トランス工場というニッチな分野でありながら、ありえない実績を上げている」

と高評価をいただいています。

私たちの町工場が、一般的な中小製造業と比べて「ありえない成果」を上げているとするなら、それは次の「8つ」の取り組みが身を結んだ結果です。

【NISSYOの業務改善8つの成果】

①工場の清潔さ
②技術力の高さ
③新卒社員の定着率の高さ
④外国人従業員の多さ
⑤社員教育費の高さ
⑥残業時間の少なさ
⑦IT化の早さ

⑧財務体質の健全さ

①工場の清潔さ

２０１７年、創業の地である青梅市を離れ、羽村市の新工場に移転。その後、社名を「株式会社ＮＩＳＳＹＯ」に変更しました。

工場は、ＮＩＳＳＹＯの象徴です。お客様に見ていただいて、当社を知っていただくための重要な場所です。

当社では移転前から、「工場はＮＩＳＳＹＯの精神であり、ショールームである」と位置づけ、**「整理・整頓・清潔」（＝環境整備）**を経営改善のしくみとして取り入れています。旧工場は１９３２年（昭和７年）に建てられたもので、木の柱を使っている工場でした。外見はそれなりに年季が入っていましたが、「ショールームが雑然としていると、この会社はいいかげんな会社だと思われてしまう。だから、外見はボロボロでも、中身はピカピカに磨いておこう」と考えて、環境整備を徹底。従来のトランス工場の常識ではありえないレベルで、整理・整頓・清潔が行き届いています。

きれいな工場は、きれいな製品をつくり出します。

きれいな工場は、安全な環境をつくり出します。

きれいな工場は、生産性を高めます（納期が他社比で3分の1）。

きれいな工場は、優秀な社員を育てます。

きれいな工場は、お客様の信頼を集めます。

明るく、元気で、清潔な工場を見ていただくだけで、新規の仕事につながります。

②技術力の高さ

ＮＩＳＳＹＯは、「多品種少量の特注品（一品生産）」を供給する体制を整えています。小指の先の大きさから軽自動車ほどの大きさのトランスまで、自社で設計、製造しています。基本的に量産品は扱っていません。

創業当時は、大手企業の下請け業務が中心でしたが、現在は、受注製品や特注品の開発・設計・製造を一貫して行う技術提案型の事業を展開しています。

実績は16万件以上。町工場でありながら、公共性の高い大規模プロジェクト（国家的なプロジェクト）の一翼を担うこともあります。

③新卒社員の定着率の高さ

中小製造業は、大企業に比べて新卒社員の採用が難しく、中途採用が中心となっています。

しかし当社では、2009年から毎年2、3名ずつ、新卒社員を採用しています（文系・理系を問わない）。現在、当社の正社員は68名で、そのうち新卒社員は28名です。この12年間で退職した新卒社員は5名だけです。一般的に、企業規模が縮小するに従って、新卒社員の3年後の離職率は高くなる傾向が見られます。とくに製造業は人材の定着率が極めて低い。「3年以内に、大卒社員の3人にひとりが会社を辞める」と言われる時代において、当社の**定着率は「80％以上」**です。

社員の離職率が低い（定着率が高い）のは、社長と社員、あるいは社員同士の価値観が揃っているからです。当社では価値観を揃えるための道具として**「経営計画書」**を活用しています。

・**経営計画書**（第4章で詳述）

……会社の方針、数字、スケジュールを1冊の手帳にまとめたNISSYOのルールブック。全社員に携帯を義務づけており、「どう行動すればいいのか」に迷ったら、経営計画書の方針が道標となる。

経営計画書を全社員に配付することによって、会社の価値観を社員に浸透させることができます。

④外国人労働者の多さ

日本の製造業における人手不足は深刻で、「ものづくり白書（2019年度）」によれば、約95％の日本企業において人材不足が表面化しています。

私は、「当社の経営方針に共感してくれる人材であれば、国籍を問わない」と考えていて、外国人の雇用にも力を入れています。

日本人のエンジニアが不足しているのであれば、意欲のある外国人を採用すればいい。当社では、専門的・技術的なスキルを持つ「高度外国人材」のみならず、技能実習生と資格外活動（留学生のアルバイトなど）の許可を持つ外国人を戦力化しています。現在、**ベトナム人とインドネシア人のアルバイトが37人、正規雇用が18人**です。

社名を日昭工業から「株式会社ＮＩＳＳＹＯ」に変更したのも、よりグローバルな視点を持った**「ダイバーシティ経営」**を推進するためです。

・ダイバーシティ経営（第3章で詳述）

……性別、年齢、国籍、障がいの有無、キャリアなどにとらわれず、多様な人材を活かすことで、イノベーションを生み出し、価値創造につなげている経営。

⑤社員教育費の高さ

会社を成長させる上で、もっとも大切なのは人を育てることです。

会社の実力は、社員の能力で決まるのではなく、入社後の「社員教育の量」で決まります。

当社が2019年度にかけた**教育研修費の総額は、3450万円。正社員ひとりあたり、50万円**を捻出している計算です。同規模の中小製造業において、これほど社員教育にお金をかけている会社は少ないと思います。

中小企業は、大企業以上に社員一人ひとりの力で成り立っています。一人ひとりの力を伸ばして、会社も伸ばし、利益を出す。これが当社の考え方です。

「社員のキャリアアップなくして、会社の成長はない」
「会社の実力は、入社後の社員教育の量で決まる」

との強い信念のもと、社員教育に時間とお金をかけています。

⑥残業時間の少なさ

今ほど生産性が高くなかったときは、月に150時間以上、残業をすることもありました。労働基準監督署から「久保社長、まずいですね。残業が多すぎます」と指導を受けたこともあります。

しかし現在、残業時間は大幅に削減されています。労働基準法第36条で定められた労働時間内（36協定）に収まっています（2019年度の月間の平均残業時間は**29時間**）。有給休暇の消化率も高くなっています。

「労働時間が減れば、それに比例して売上も減る」と考えるのが普通です。しかし当社の場合、さまざまな業務改善策が功を奏し、労働時間を減らしながらも、売上を伸ばしています。

⑦IT化の早さ

当社では、「生産性の向上を図るためにも、現場のデジタル化が急務」と考え、IT機器を駆使した**DX（デジタルトランスフォーメーション）**を進めています。

2015年にタブレット端末「iPad」を従業員に支給。従業員の業務効率化とペーパーレス化を推進しています。

IT化などで受賞多数！

●「MCPC award 2018」

●経済産業省・中小企業庁
「はばたく中小企業・小規模事業者300社」（2019）

・デジタルトランスフォーメーション（第2章で詳述）

……ＩＴシステムを使って、ビジネスのしくみを変えたり、新しいビジネスを生み出したりすること。

経済産業省の「デジタルトランスフォーメーションを推進するためのガイドライン（ＤＸ推進ガイドライン）」によると、

「（デジタルトランスフォーメーションとは）企業がビジネス環境の激しい変化に対応し、データとデジタル技術を活用して、顧客や社会のニーズを基に、製品やサービス、ビジネスモデルを変革するとともに、業務そのものや、組織、プロセス、企業文化・風土を変革し、競争上の優位性を確立すること」

と定義されています。

当社では、２０１８年11月には、ＩＴ化による「業績向上」「業務の効率化」「モバイル技術の効果的活用」が認められ、モバイルコンピューティング推進コンソーシアム（ＭＣＰＣ）の**「MCPC award 2018」を受賞**しました。

⑧財務体質の健全さ

お金は、会社の血液です。止まると倒産します。心臓が止まって人間が亡くなるのは、血液が止まるからです。会社も同じだと思います。現金が回らなければ、生きてはいけない。経営は現金にはじまり、現金に終わります。

東日本大震災、リーマン・ショック、新型コロナウイルス感染症など、未曾有《みぞう》の危機に直面しても、「現金」があれば生き残ることが可能です。

また、設備投資をするためにもお金は必要です。製造業にとって設備投資は、次の成長のために不可欠な投資です。「利益が出てから設備投資をすればいい」と悠長に構えていては、時代の変化に取り残されてしまいます。

設備投資を進めるためにも、そして緊急支払い能力を高めるためにも、現金を蓄えておく必要がある。そこで当社は、銀行から12億円の借入れをしており、**現金が10億円あります**。借入れのうち、**7億円は「無担保・無保証」**です。工場購入時には、担保はとられましたが、個人保証はしていません。

一般的に「無借金経営をしている会社が良い会社」とされていますが、私の考えはその逆です。経営で一番大切なことはお金を回し続けることであり、そのためには借入れをためらってはいけないと思います。

金融機関が当社の借入れに好意的なのは、金融機関の厳しい審査基準をすべて満たしているからです。

以前、ある金融機関の支店長から「融資するにあたっては、**事業性評価**を重視する」と伺ったことがあります。

事業性評価とは、「担保・保証に必要以上に依存することなく、事業内容や成長可能性などを適切に評価して行う融資」のことです。評価基準は次の6項目です。

1…会社が理念と計画を持ち、それを従業員と共に共有する会社。
2…経営計画の資料は必ず社長がつくり、自らプレゼンする会社。
3…資金の運用計画までつくれて、今後の資金繰りを常に把握している会社。
4…事業の範囲を狭めて明確にし、企業理念を生かしている会社。

5…工場見学を積極的に受け入れている会社。
6…総人件費に対する福利厚生費の割合が多い会社。

当社は6項目すべてにおいて「○」。金融機関からも、事業の計画性、将来性を高く評価していただいています。

●超ブラック企業から超ホワイト企業に変われた理由とは？

かつての日昭工業は、ボロボロの工場で長時間働く、超ブラック企業でした。ですが現在のNISSYOは、同業他社、見学者、就活生、金融機関からも認められた「超ホワイト企業」です。

なぜ、NISSYOは変われたのか。
なぜ、NISSYOでは業務改善が進むのか。

なぜ、NISSYOでは人が辞めないのか。

なぜ、NISSYOでは電気知識ゼロの人材を戦力化できるのか。

本書では、22年連続で黒字経営を続ける当社の取り組みをご紹介します。

中小企業の経営者はもとより、製造業に従事するエンジニア、就職活動中の学生など、多くの方の一助となれば、著者としてこれほど嬉しいことはありません。

株式会社NISSYO

代表取締役社長　久保寛一

序章　「ありえない町工場」はこうして誕生した

第1章 技術のレベルがありえない！

第2章　生産性のレベルがありえない！

第3章　人づくりのレベルがありえない！

編集協力　藤吉豊（株式会社文道）

序章　「ありえない町工場」はこうして誕生した

トランス需要の拡大を見込み、織物業からの転業を決意する

●従業員の生活を守るため、電気関連事業へ参入

東京都の北西部に位置する青梅市は、「青梅縞《おうめじま》」や「青梅夜具地《おうめやぐじ》」（ふとん地）など、織物の産地として、江戸時代から知られています。昭和7年（1932年）には、青梅織物工業組合が設立され、青梅は「夜具地」の一大生産地（最盛期の昭和20年代には全国シェアの60％～80％）として、活況を呈《てい》しました。

株式会社ＮＩＳＳＹＯの前身、「久保新織物」（創業者：久保新之助）も、昭和初期から織物業を営んでいました。

織物業から電気・電力産業へ転業したのは、昭和42年（1967年）4月のことです。新之助から「久保新織物」を承継した久保昭治（新之助の長男で、私の父）は、織物業が時代の流れとともに工賃の安い海外へ流出したことで、

「このままでは、従業員の安定した生活を守ることは難しい」

と危惧し、電気関連事業への転換を図りました。

「電気は、織物と違って、なくならない」

これからの時代を担う新事業への参入を決めた久保昭治は、「日昭工業株式会社」を創業したのです。

電気関連事業は、織物業で培ったノウハウが生きる分野ではないため、ゼロからのスタートでした。

転業後、すぐにトランスの製造を手掛けたわけではありません。転業当初の従業員数は10名ほど。レコードのターンテーブルをつくってみたり、ゲーム機をつくってみたりと試行錯誤をしていたとき、人づてに「近隣のトランス製造会社が下請け工場を

探している」ことを知って、手を挙げたのです。

高度成長期で電化が進み、電源回路に使われるトランスの需要が拡大していたのを見越した判断でした。

当初は、大手企業の下請け業務のみでしたが、「発注元の都合に左右されるので、経営が安定しない」「主体的な事業を展開できない」といった理由から、次第にオリジナル製品（受注製品）の開発・製造に着手するようになったのです。

●大手電機メーカーを退職し、日昭工業へ

私が日昭工業に入社したのは、平成元年（1989年）です。一般企業からの転職でした。

早稲田大学（理工学部・電気工学科）を卒業後、大手電機メーカーに入社した私は、半導体の開発系エンジニア、セールスエンジニアとして約10年間勤務したのち、父親の会社を手伝うことにしました。

前職の仕事に、特段不満があったわけではありません。技術開発も、営業支援の仕事も、自分の力を試せる場所でした。

ですが一方、縦割りで保守的な組織のあり方に違和感を覚えていたのも事実です。

「経営トップの考えが一般社員に浸透しにくい」

「一般社員の声が経営トップに届かない」

「経営幹部と一般社員に一体感がなく、分断されている」

大企業特有の組織体質への疑問がわだかまりとなって、頭の片隅に残っていました。

経営トップと社員が価値観を共有し、同じ方向を向いて仕事をする。そんな職場環境を求めて、私は父親の会社に入る決心をしたのです。

無法地帯の日昭工業。「とんでもない会社に入ってしまった……」

●入社3カ月でギブアップ。「もう辞めよう……」

日昭工業に入社したものの、大きな目標や目的を持っていたわけではありません。「後継者になりたい」という思いも、「前職でできなかったことをやりたい」という望みもなく、

「父親のやっている会社だし、まぁいいか」

「今までやってきた半導体とは違うけど、まったくの異業種というわけでもないから、まぁいいか」

「結婚もしたし、仕事もしなければいけないから、まぁいいか」

と、場当たり的な転職でした。

当時の社員数は20名前後。入社して最初の1年は、雑用係です。入社後にはじめて任された仕事が

「赤鉛筆を買いに行くこと」

でした（笑）。

「赤鉛筆がないから、買ってきて」と先輩から声をかけられ、「あぁ、そんなことまでしないといけないのか」と唖然としたのを覚えています。

私は、大企業の閉塞感に嫌気がさして電機メーカーを去りました。中小企業の日昭工業なら、自律的な仕事ができると考えていました。

ところが当時の日昭工業は、自律的を通り越して、まるで無法地帯でした（笑）。とくに幹部層は、やりたい放題でした。

出社時間になっても出勤しない。

取引先をほったらかしてゴルフに行く。

スリッパを履かず、土足のまま入室する。

余った銅線や鉄くずを業者に買い取らせ、個人的な金儲けをする。

不正がまかりとおる……。

「自宅の購入資金」という名目で会社からお金を借りたあと、借入金を自分の口座に蓄えて利息をかすめとった社員もいました。当時の金利は5％だったので、会社から1000万円借りれば、利息が50万円つくことになります。

「とんでもない会社に入ってしまった」

入社当時の率直な感想です。

大学時代にアルバイトをしていた時期があったので、「どんな会社か」「どんな仕事をするのか」はわかっているつもりでした。

ですが、甘かった（笑）。

ルールや方針がない。規律がない。体系化されたしくみがない。仕事が属人化しているので、業務の引き継ぎができない……。

社長である父親が、幹部の愚行《ぐこう》に気づいていなかったのか、それとも黙認していたのかわかりませんが、いずれにせよ私の胸の内には、日に日に「やっていられない」という不信感が募っていきました。

入社3カ月後には、「もう辞めたほうがいい」と考えていたほどです。

●社長の腹心に喧嘩を売って、ボコボコにのされる

私も我慢の限界でした。

入社して数年経ったとき、上司相手に大立ち回りを演じることになります。

社内履きに履き替えず、土足で入室してきた上司に向かって、「土足で入らないでください」と注意をしたのです。

面子を潰された上司は、拳に怒りを込めました。

私は何発も殴られました。やり返す気にもなれず、されるがまま。一方的に叩きのめされました。

当時の中小企業は今と違い、コンプライアンスやハラスメントへの意識が希薄でしたから、こうした従業員同士のイザコザもめずらしくなかったと思います。

そのとき父は悪性リンパ腫に罹患《りかん》していて、抗がん剤治療のために入院中でした。退院後、まだ青あざを残す私の顔を見て、父は顛末《てんまつ》を知りました。そして、復帰したその日に、私を殴った上司を解雇したのです。

その瞬間、父が私に寄せる期待の大きさを感じ、「この会社で力を尽くそう」と覚悟を決めました。

●先行きの見通しもないまま、社長に就任

入社2年後には常務取締役の肩書きをもらいましたが、マネジメントに携わったわけではありません。

検査、配送、営業など一工員として汗をかいて、「現場実務のすべて」と「ものづくりのプロセス」を学びました。

私が社長に就任したのは、入社5年後（1994年）、37歳のときです。

闘病中の父から、「次の社長はおまえだから」と言われ、承諾。社長就任にあたって、父親から自社株の90％を承継しました。

「株を受け取った以上は、贈与税を払わなければいけない」と思い、顧問税理士に相談したところ、「久保さんは1円も税金を払わなくて大丈夫です」との返事をいただきました。

無知な私が、「親が持っていた株式を子どもが引き継ぐときは、税金がかからないのですね？」と問うと、税理士さんは呆《あき》れた様子で、こう言いました。

「普通であれば、かかります。ですが御社は利益が出ていないし、繰越欠損があるので株価がつかない。だから払う必要がない。**それほど業績が芳《かんば》しくないということですよ**」

年間売上高は、約2億円で横ばい。父も私も「現状維持ができれば御の字」と考えていたため、利益が薄いのも、株価がつかないのも、当然のことです。

会社の舵取りを任される立場に立ったとき、はじめて「日昭工業には、羅針盤も航路も航海図もない」ことに気づきました。経営方針も、企業理念も、人事評価制度もない……。先行きの見通せない船出となりました。

当時は典型的な町工場然としていて、寡黙な職人が多く、今のような活気はありませんでした。

「お客様からの信頼を損なうことなく、仕事が受注できていれば、それでよい」

「父から受け継いだ会社をつつがなく維持できれば、それで十分」

と考え、現状維持の経営に終始していたのです。

会社を変える第一歩は、社長自身が変わること

●父と息子を亡くしたショックから、茫然自失の日々が続く

平成8年（1996年）12月23日、日昭工業創業者、久保昭治が死去しました。享年68歳。父と一緒に仕事をしたのは、約5年。あまりにも早い別れでした。

一番の理解者を亡くした私は、道標を見失った気がしました。父親が生きていれば、「こうしたいのだけど、どう思う？」と相談することもできたはずです。しかし、父亡きあとは、誰かにアドバイスをもらうこともかなわない。

心もとない状況のなか、悲劇は続きました。翌年（平成9年）、愛息を事故で亡くしたのです。

重なる不幸に、私は大きな喪失感にさいなまれ、仕事への意欲を失いました。

トランス製造に魅力を感じることができない。

新規開拓にも興味がない。

ロイヤルカスタマーを育てることにも関心がない……。

自社の売上が上がらないのは、取引先のせい。

融資を受けられないのは、銀行のせい……。

当時の私は、経営者としての責任から逃れ、他責でものごとを考えていたのです。

茫然自失のまま、1年、2年、3年、4年……と惰性で仕事をこなすだけ。頭の片隅で「なんとかしなければいけない」とは思いながらも、何をしていいかわからない。

そんな状態が何年も続きました。

よく倒産しなかったと思います。

経営が逼迫《ひっぱく》して、社長の役員報酬を月78万円から25万円に下げたこともあります。母親からも借金をして、それでも資金繰りに苦慮《くりょ》し、25万円の役員報酬を1年間、未払い計上にしました。なんとか黒字にはしたものの、**最終利益が7万円**だった期もありました。

足元のおぼつかない私を見かねて、父の時代からお世話になっている先輩経営者、A社長が声をかけてくださいました。

「社長が成長しないと、会社も成長できないよ」

このひと言で、目が覚めました。

このままでは自分の人生も、妻の人生も、子どもの人生も、社員の人生もつまらないものになってしまう。

ただ生きているだけの人生で本当にいいのか？

いいわけがない。このままではいけない……。

この日を境にして、

「経営者とは何か」

「従業員を幸せにするにはどうしたらいいか」

を真剣に模索するようになりました。

●会社を成長させるには、経営者が意識を変えること

それからというもの、経営哲学や組織改革の手法を学ぶため、タヤマ学校（老舗のビジネススクール）やイエローハット創業者、鍵山秀三郎氏の掃除研修など、多くのビジネスセミナーを受講しました。

企業経営の先達たちから教えを受けるなかで、私は、

・「社長が前を向いて歩かなければ、家族も従業員も不幸になる」
・「従業員の人生を守るためには、社長が率先して変わらなければいけない」
・「従業員の協力なくして、企業の発展はありえない」
・「日昭工業を支えているのは、従業員の力である」

ことにようやく気づきました。
会社を変えるための第一歩は、社長自身の基本的な考え方を固めることです。

「会社を変革させ、業績を伸ばし、会社を成長させていくためには経営者が変わることである」

そのことを強く自覚したことで、日昭工業は少しずつ変わりはじめたのです。

●大きく舵を取り直して、綱渡り経営からの脱却を図る

綱渡り経営から大きく脱却するきっかけとなったのが、「株式会社武蔵野」の小山昇社長との出会いです。A社長からの紹介でした。

小山昇社長は、倒産寸前だった武蔵野（ダスキン事業、経営コンサルティング事業）を「19年連続増収増益」に成長させた中小企業のカリスマ経営者です。

当社は、2007年から武蔵野の経営サポートパートナー会員（武蔵野の経営コンサルティングを受けるメンバー）となり、現在も、小山昇社長に師事しています。

当社の専務（私の弟）、久保隆一は、「イエローハットのトイレ研修、タヤマ学校、小山昇社長との出会いが当社の大きなターニングポイントになった」と話しています。

「1998年に参加したトイレ掃除研修が、会社を見つめ直す最初のきっかけでした。社員みんながスポンジを持って、素手でトイレを磨いたのははじめてです。鍵山さん

から『便器に頭を突っ込んで、自分の目でどこが汚れているかを確かめなさい』『素手、素足ならばちょっとした汚れやゴミも感じとれる』と教わったのを今でも覚えています。

その後、タヤマ学校に参加。厳しい指導を通して、どんな苦労も乗り越えられる強い精神力を身につけることができました。社員の団結力を一層深めることができたと思います。

そして、株式会社武蔵野の経営サポートパートナー会員になってからの成長は、著しいものがあります。

トイレ掃除やタヤマ学校で団結力と精神力は身についていたものの、実務や現場の改善に結びつくことができずにいました。トイレをきれいにするだけでは、業績は変わらなかったのです。

ですが、小山社長の指導は、精神力よりも実務が中心でした。環境整備や経営計画書といったしくみを取り入れたからこそ、現実、現場、現物（人物）を大きく変えることができたのだと思います」（久保隆一）

私が社長に就任した当初、日昭工業は

「売上……1・7億円」

「従業員数（社員、アルバイト、パート）……20名」

の小規模零細企業でした。

現在、「株式会社NISSYO」は、

「売上……20億円」

「従業員数（社員、アルバイト、パート）……154名」

の優良企業へと成長しています。

NISSYOの売上高・経常利益推移

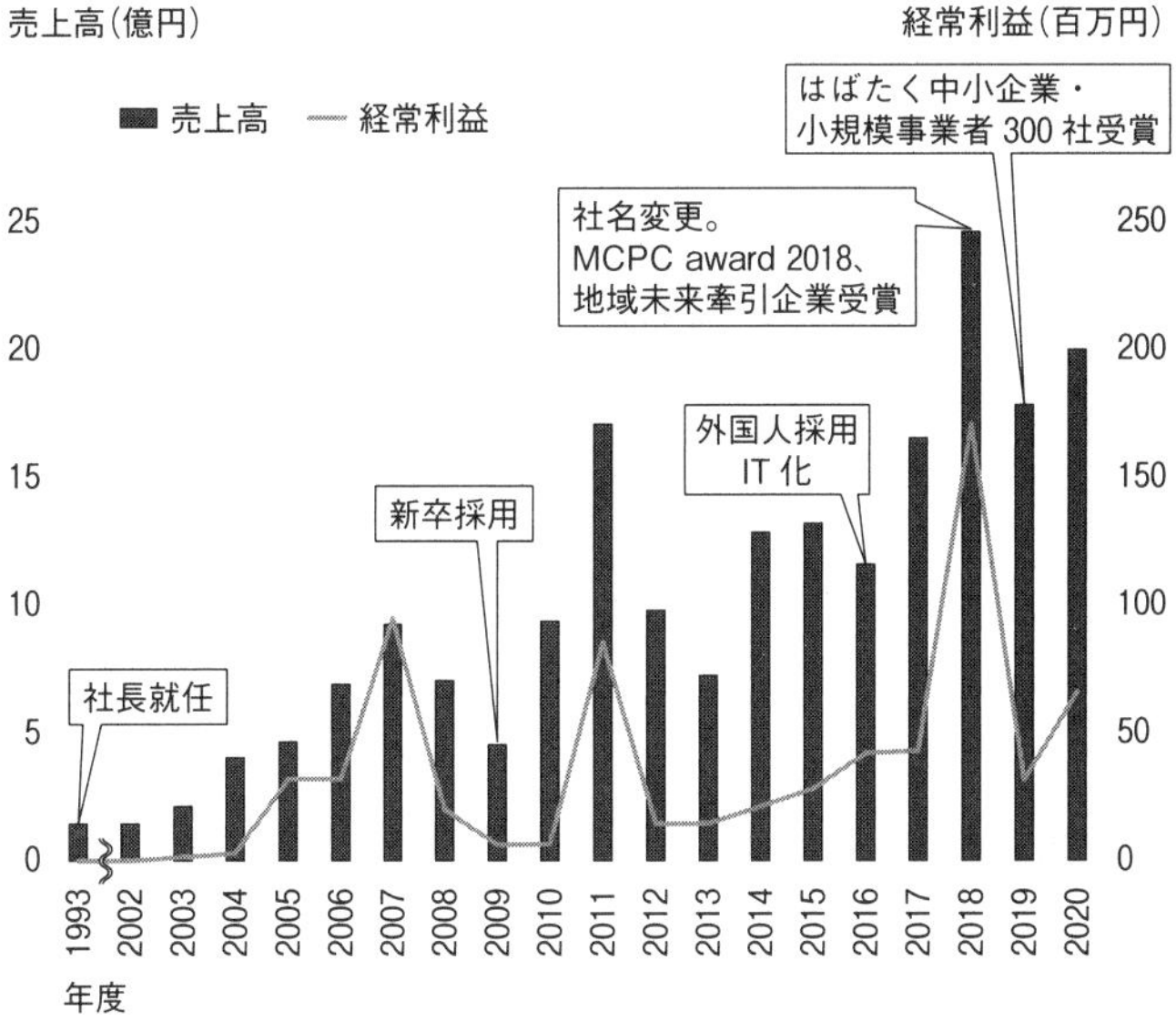

売上・経常利益ともに10倍に！

第１章　技術のレベルがありえない！

設計からメンテナンスまで、すべての工程に対応する

●下請けに甘んじることなく、業務の幅を広げる

ＮＩＳＳＹＯでは、創業以来培ってきた経験と、ノウハウと、最先端の技術を生かし、製品開発・設計・試験・アフターサービスに全力で取り組んでいます。開発技術陣の充実・品質管理の強化・生産拠点拡大など、日々の努力を重ね、ベストを尽くしています。

織物業からの転業当初、当社はトランスメーカーの下請け会社でした。親事業者（発注元）から設計図を受け取り、指示通りの製品をつくり、納品するのがおもな業務です。

下請けに専念していれば、「親事業者から一定量の仕事が確保できる」「新規顧客を開拓するための営業活動費用を節約する」といったメリットがあります。

しかし一方で、

・「人件費の安い海外企業が台頭し、価格競争に巻き込まれかねない」

・「価格など取引条件の変更が難しい」

・「親事業者の業績が悪化すれば、自社の売上や仕事量にも影響がある」

といったデメリットがあります。

私は、下請け会社でいるメリットよりも、デメリットのほうが大きいと考えています。親事業者に依存する体質でいるかぎり、経営は安定しません。発注元の仕様通りに製作する仕事をしているかぎり、技術力も創造力もなくなります。受け身の体質になれば、提案型の企業文化は育ちません。

そこで現在は、配線、電気設計を学び、**「製造」**だけでなく、トランス・電源装置の**「設計」**にも関与しています。

・設計

……お客様のニーズに合わせた製品をオーダーメイドで設計する。設計に携わることで、製品の納品までの流れに、「部分的」にではなく「全体的」に関わることが可能になる。Excel、CAD、Python（パイソン／汎用プログラミング言語）を使った業務。

・製造

……仕様書をもとに、組立てから検査、出荷までを担当する。

かつて、主要取引先のトランスメーカーが倒産したことがありました。その後、トランスメーカーを介さずに電機メーカーと直接取引ができるようになったのは、特注品（多品種一品生産）の設計・製造を一気通貫で行える技術力を有していたからです。

●海外にもスタッフを派遣。現地での装置改造にも対応

現在は、設計と製造を軸に、納品後のメンテナンス、装置改造事業（仕様変更などのアップグレード）にもきめ細かく対応しています（他社製トランスの焼損、破損、劣化などにも対応）。

当社の製品の50％以上は、海外に輸出されています。海外のエンドユーザーから、「製品のバージョンアップをしたい」といった要望が届いたときは、当社からスタッフを派遣。現地での保守メンテナンス、仕様変更にも柔軟に対応します。

製造業の本分は「製品をつくって、取引先に納品する」ことです。しかし当社の場合は製造にとどまらず、「ヒヤリング→見積もり→設計→材料手配→製造→検査→納品→品質保証（メンテナンス）」まで、製造に派生するすべての工程が存在しています。

●NGワードを口にしたら10万ドルを賠償！　超極秘プロジェクトにも携わる

技術力の高さを理解していただくために、当社の製品がこのようなところに使われているということを、実名を出して紹介できれば手っ取り早いのですが、残念ながら、契約の関係でその多くを公表することができません。

私たちが携わらせていただいているとあるビッグプロジェクトでは、契約書に、情報漏洩を防ぐためのNGワードが書かれています。

こうしたことは、しばしばあることですが、なんとそのプロジェクトでは、当社の社員が、その言葉をいついかなる場合でも**一言発するたびに最低でも10万ドルを賠償**しなければならないというもの。秘密資料は金庫の奥。ですから、まだ一部の社員しかその存在を知らない極秘の仕事です。

NISSYOの製品がどこで使われているかは説明できませんが、このようにありえない賠償請求が設定されていることの紹介をもって、私たちの技術がいかに、大きな仕事に求められているか、イメージしていただきたいと思います。

自社のエンジニアを他社に派遣するなど、「人材派遣サービス」にも注力

●時代の要請に応えた新サービスを提供する

現在、日本の製造業は、2つの大きな環境変化に直面しています。

・「人材不足の深刻化」
・「デジタル技術の進展」

です。

①人材不足の深刻化

エンジニアは恒常的な人材不足です。転職市場における流動性も少ないので、人材の確保が困難な状況です。

経済産業省が２０１７年12月に実施したアンケートによると、94％の企業が人材確保に課題があり、さらに3割強の企業においてはビジネスに影響が出ていると回答しています。

②デジタル技術の進展

先進ツールの広範な利用が可能となり、それにともなって製造業のあり方も大きく変わりはじめています。

デジタル革新が進むなか、現場の作業者に期待される能力も、従来とは異なるものへと変化しています。

こうした製造業の現状を踏まえ、ＮＩＳＳＹＯでは、基幹事業（トランス事業、電源装置事業）の拡大とともに、付加価値の高い「２つの派生事業」を展開しています。

ひとつは**「ソフトウェア事業」**、もうひとつは**「人材派遣事業」**です。「幹《みき》（製造事業）を太くする」と同時に、「枝葉も伸ばす」考え方です。

・ソフトウェア事業

……NISSYOでは、社内にDX委員会（DX：デジタルトランスフォーメーション）を設置して、生産管理システムのデジタル化を進めています。

当社が独自開発したプログラムやソフトウェアは汎用性が高いため、多くの製造業に提供することが可能です。

・人材派遣事業

……とくに、「一般機械」や「電気機械」の業種では、「設計・デザイン人材」が不足しています。そこで当社では、製造業のノウハウを持ったエンジニアの派遣を行っています。

実はこれも、**通常の町工場では、ありえない**ことです。派遣するのはエース社員です。どうでもいい社員を出してもお客様からは喜ばれません。

多くの町工場では人材不足でエースを他社に出すことなど考えられないでしょう。ですが、当社は12年間、景気が良くても悪くても新卒採用を続けていたので、社内に金の卵がいるのです。

これからの製造業は、「工業」だけでは生き残ることは不可能です。

ＮＩＳＳＹＯでは、ソフトウェアの提供やエンジニアの派遣サービスにも力を入れたマルチ化を推進し、時代の変化に対応しています。

量産品はつくらない。「多品種一品（少量）」のニッチな市場で勝負する

●量産品、標準品、汎用品には手を出さない

当社はニッチな市場に特化しています。何千・何万個もあるような量産品はつくりません。

鉄道車両向けの特殊トランス製造を主力に、産業機械や電気設備（電源装置）など、「多品種少量」「多品種一品」の生産体制を構築。スタンダード品ではなく、特注品に注力しています。

量産品、標準品、汎用品に焦点を合わせていたら、日本で製造する意味がありませ

ん。賃金が安い海外に生産拠点を移さないと、会社が存続できないからです。

・トランス

……トランスは、電圧を下げたり上げたりできる電力機器（変圧器）のこと。

トランスは、装置の電力品質を決める重要な部品です。

高電圧や高品質ニーズなど特殊な用途は多いものの、汎用品と違って多品種少量品の生産自動化には手間がかかるため、多くの下請け会社は敬遠します。しかし当社は、そこに目をつけました。

現在、1VA～1000kVAまでの幅広い容量（手の平に載るものから重さ6トンにもなる製品まで）のトランスを自社で設計、製造しています。

また、UL認定品（アメリカやカナダ向けに安全性の認証を受けた製品）や、車両用、データセンター用、半導体装置用など、幅広い分野を手掛けています。

NISSYO が手がけるのは特注品

●放送機用の大型トランス（6トン）

●電気炉用のトランス

・**電源装置**

……トランスを組み込んだ電源装置。

自社生産のトランスを使用して電源装置を製作しているため、トランスと電源装置を別々の会社に手配するより、コストや納期の無駄を省くことが可能です。

当社の電源装置は半導体製造装置に組み込まれ、最終的には世界中の半導体メーカーの工場で稼動しています。

半導体製造装置は精密機器ですので、変圧器同様に高い信頼性が求められます。

そのため、ＮＩＳＳＹＯでは、配電盤組立の国家資格を所有する社員を中心に組立てを行っています（資格の取得を会社でサポートしています）。

単に「装置を組立てるだけ」の会社は多く存在しますが、当社のように有資格者がいる中小企業はそれほど多くありません。

業界標準の「3分の1」の短納期を実現

●短納期に対応できる「4つ」の理由

当社の強みのひとつは、オーダーメイド品でありながら、**「短納期で高品質な製品提供」**が可能なことです。

製造リードタイム（生産に着手してから生産が完了するまでの日数）の短縮は、

・保有在庫／在庫管理コストの削減

……棚卸高は業界の3分の1。

・顧客満足度の向上

……短納期・高品質の実現により、取引先との信頼関係を築ける。

・キャッシュフロー（お金の流れ）の改善

……早く製品ができれば、早く収益化できる。

などのメリットをもたらしています。

当社の製造リードタイムは、業界の3分の1です（トランス…5日、電源ボックス…6日）。

競合他社よりも「短納期」を実現できる理由は、次の「4つ」です。

【短納期を実現できる4つの理由】

①設計から納品まで一気通貫で請け負うから

②部品を内製化しているから

③セールスエンジニアが技術的な提案を行っているから

④工程会議を行い、情報を共有しているから

①設計から納品まで一気通貫で請け負うから

前述したように、当社では設計から納品まで、すべての工程を同一工場内で行っているので、停滞せずに作業を進めることが可能です。

工程間の滞留《たいりゅう》がないため、「無駄な待ち時間」が発生しません。また、工場内の仕掛り在庫（製造途中の製品）も圧縮できるので、資金繰りも良くなります。

②部品を内製化しているから

オーダーメイドのトランスをつくる場合、部品も既存品だけでは対応できないことがあります。

かつては、サプライヤー（部品メーカー）に部品を発注していましたが、それだと発注リードタイム（サプライヤーに発注をかけてから納品されるまでの日数）が長く

なってしまうため、短納期が実現できなくなります。

そこで現在では、特殊な部品は当社で自製し、それ以外はスタンダード品（すぐに納品してもらえる標準的な部品）で対応できる設計をしています。

③セールスエンジニアが技術的な提案を行っているから

セールスエンジニアは、エンジニアとセールスの一人二役を担う職種です。

セールスパーソンとエンジニアが別々の場合、「セールスパーソンがクライアントから依頼を受けたあと、社に持ち帰ってエンジニアに確認し、エンジニアの意見を踏まえて提案書をまとめ、再度、クライアントに出向く」といったように、コミュニケーションに手間がかかってしまいます。

しかし、セールスパーソンが技術的な知識を持っていれば、社に持ち帰らなくても、技術的な提案が可能です。

セールスエンジニアは、「どのような仕様にすればいいか」「どのような部品が必要か」「どれくらいの工期が必要か」「どれくらいの見積もりになるか」をその場で判断できるため、コミュニケーションが速く、正確になります。

当社では、セールスエンジニアを積極的に育成しているので、打ち合わせの回数を減らし、すぐに製造に取り掛かることができるのです。

④工程会議を行い、情報を共有しているから

毎日2度、リーダーが「工程会議」を実施しています。この会議では、社内の動きとお客様の声などをダイレクトに伝えています。

「いつ、誰に、どうしてほしいのか」といった情報を社員全員が共有することで、ひとつの目標に向けて迅速に行動できるようになります。

●クレーム対応は最優先業務。迅速・丁寧に対応する

当社は、納品後のクレームにも迅速に対応しています。

当社の経営計画書には「クレームに関する方針」が明記されてあり、「クレーム対

応を最優先業務」と位置づけています。

【クレームに関する方針】（経営計画書より一部抜粋）

1…基本

（1）最優先業務とする。

（2）クレーム発生の責任は一切追及しない。

発生の責任は社長にある。本来すべて社長が受けるべきだが、ひとりでは受けきれないので、社長に代わって対処する。

（3）クレームに対する正しい態度は謝罪と迅速な対応である。

（4）お客様の目から見た業務改善の指摘である。

2…対処

（1）当事者と上司が事実確認とお詫びに行く。

お客様の前に顔を出すことが大事。対策はあとでよい。

（2）当事者を含め3人以上でお伺いする。
（3）解決するまで何回でも足を運ぶ。
（4）必要なお金はわが社で出し、処理は丁寧にお願いする。

●誠意を込めた謝罪が認められ、1億円のビジネスを受注

数年前、当社が中国に輸出した製品に不具合が発生しました。あろうことか、

「出火して燃えた」

というのです。

クレームには迅速に対応するのが当社の方針です。そこで、クレームをいただいた翌日に、専務、設計部長、製造部長の3人が現地に飛びました。

急な出張のため、ビジネスクラスしか空席はありませんでした。3人分の旅費は高額になりましたが、「お客様の前に顔を出すこと」が最優先です。

現地に到着後、ただちに現場検証を行ったところ、出火原因が判明しました。当該品の隣に設置されてあった別メーカーの機器が火元になっていたのです。

当社にしてみれば、「もらい事故」でした。「自社に原因があったわけではない」のですが、結果的に「誠意を見せた」ことになります。

この対応が認められ、取引先から思いもよらない提案を受けたのです。

「ある会社に製品を発注したのだが、なかなか製品が届かない。代わりに御社でつくってもらえないか」

現地にいたのは、当社の経営幹部（当社のナンバー2～ナンバー4まで）ですから、その場で価格も納期も決められます。

クレームの謝罪に行ったはずなのに、**「1億円」の新規受注**をいただくことができたのです。

スペシャリスト（職人）だけでは製造業は成り立たない

●誰でも同じ手順と同じ品質で仕事ができることが大切

ＮＩＳＳＹＯの技術的な強みは、特注品を短納期、高品質、低価格で納品できることです。

大量品であればライン生産も可能ですが、当社の場合は多くが受注生産なので、ほぼすべての工程を、技術者が手作業で行っています（一部はロボット化しています）。

「特注品を手作業で、しかも短期間でつくることができるのは、腕のいいスペシャリスト（職人）を揃えたからだ」と思われるかもしれませんが、そうではありません。

ＮＩＳＳＹＯは、

・**「初心者を即戦力化する」**
・**「文系の学生に社員教育を施す」**
・**「パート社員にも責任のある仕事をお願いする」**

ことで「短納期、高品質、低価格」を実現しています。

もちろん、スペシャリストの存在は重要です。製造業は、スペシャリストなしには成立しません。

トランスの製造工程のひとつである「巻線《まきせん》工程」（コイルに使用する導線を巻く工程）など、キーとなる技術に関しては、今でも、スペシャリストの知見と職人技が不可欠です。ですが、製造業はスペシャリストだけでは成立しないと私は考えています。

コアテクノロジー以外は、できるだけ職人技に頼らず、作業の標準化を進めるべきです。誰でも同じ手順と同じ品質で仕事ができれば、生産性は向上します。

スペシャリストだけでは組織が成長しない理由は、おもに「3つ」あります。

【スペシャリスト（職人）だけでは組織が成長しない理由】

①仕事が属人化する
②ノウハウの蓄積・共有がなされない
③人材の育成に時間がかかる

①仕事が属人化する

「属人化」とは、人に仕事がついている状態のことです。
特定個人の職人技に依存すると、その人にしかやり方がわからない状態に陥ってしまいます。その人が会社を休んだら、仕事が先に進みません。

②ノウハウの蓄積・共有がなされない

経験やカンに頼る職人の技術の多くは、ノウハウが数値化されていません。また、職人によってやり方が違うため、社内で共有することが難しい。

技術が他の人に引き継がれなければ、その技術が消失することにもなりかねない。そうならないように、職人の技をデータベース化する必要があります。

③人材の育成に時間がかかる

スペシャリスト（職人）を育てるには、その分野に特化して教育していく必要があります。

専門性にこだわりすぎると、人材育成に時間がかかり、競合他社に遅れをとる可能性があります。

ノウハウをマニュアルに落とし込み初心者を即戦力化する

●ベテランがつくっても新入社員がつくっても、品質は同じでないとダメ

NISSYOでは、「文系大学出身の新卒社員」「パート」「ベトナム人」など、電気の初心者が設計、製造の第一線で活躍しています。新入社員であってもベテラン社員と「同じ品質」で製造することが可能です。

初心者でも即戦力になるのは、スペシャリストの職人技をデータベース化した**「マニュアル」（手順書）を共有している**からです。

従業員全員に一定レベル以上の知識とスキルを身に付けさせるには、マニュアルの

整備が不可欠です。

マニュアルを作成する上で大切なのは、

- **「初心者にも理解できること」**
- **「常に見直しをして、更新すること」**

です。

データベース化にあたり、ベテラン社員たちに「この製品をどの手順で、どのようにつくっているのか」を聞いてみたところ、人によって返ってくる答え（つくり方、やり方）が違いました。

つまり、最終製品は似ているものの、社員ごとにつくり方は違っていたのです。

個人の経験に頼ったままでは、仕事の標準化も、品質の均一化も難しい。

そこでまず、ベテラン社員（高い製造技術を持ったスペシャリスト）にマニュアルのベース（たたき台）をつくらせて、個人の経験に頼ったあいまいな情報を精査・数値化しました。

ですが、ベテラン社員がつくるマニュアルは、どうしても専門的になりすぎて、電気初心者にはわかりにくい面がある。マニュアルの難易度を下げるため、当社では初心者（新入社員など）に記載内容の見直しを担当させています。

実際にマニュアルにそって実務を体験させ、その後、初心者目線でマニュアルの加筆・修正を行っているのです。

新しい人が新しく仕事をするたび、**「自分が困った点」を書き入れ、マニュアルを改訂して次の担当者に渡す**。この繰り返しによってマニュアルの精度が上がります。

マニュアルは常に更新されていくため、月に1度、製造に関わる社員が集まって、**「マニュアル（手順書）の読み合わせ」**を行っています。

こうすることで、作業の標準化が進み、「誰もが迷わずに作業をする」ことが可能になります。自分のｉＰａｄでＱＲコードを読み込み、常に最新のマニュアルを経営計画書の事業年度計画表にそって読み合わせています。

設計に関しても、当社独自のプログラム環境が整っているため、画面上で一定の数字（数値）を入力するだけで、図面が完成します。当社では、専門的な知識のない従業員でもプログラムを組むことが可能です。

営業技術部の津田大義（2010年入社）も、マニュアルによる作業の標準化が大切であると実感しています。

「入社した当初は、『昔の職人の仕事では？』『一品一様の製品をつくるには個人のスキルがものをいうのでは？』『手先が器用ではない私にはできないのでは？』といった不安がありました。

ところが実際に仕事をしてみると、違った。手先の器用さもあるに越したことはないですが、それ以上に、段取りやマニュアル化が重要であることがわかりました。これからの製造業は、『職人だけに頼る時代では厳しい』と感じています」（津田大義）

常に更新されるマニュアルを読み合わせて、誰もが同じ作業ができるようにする

●iPadでマニュアル（作業手順書）を読み込む

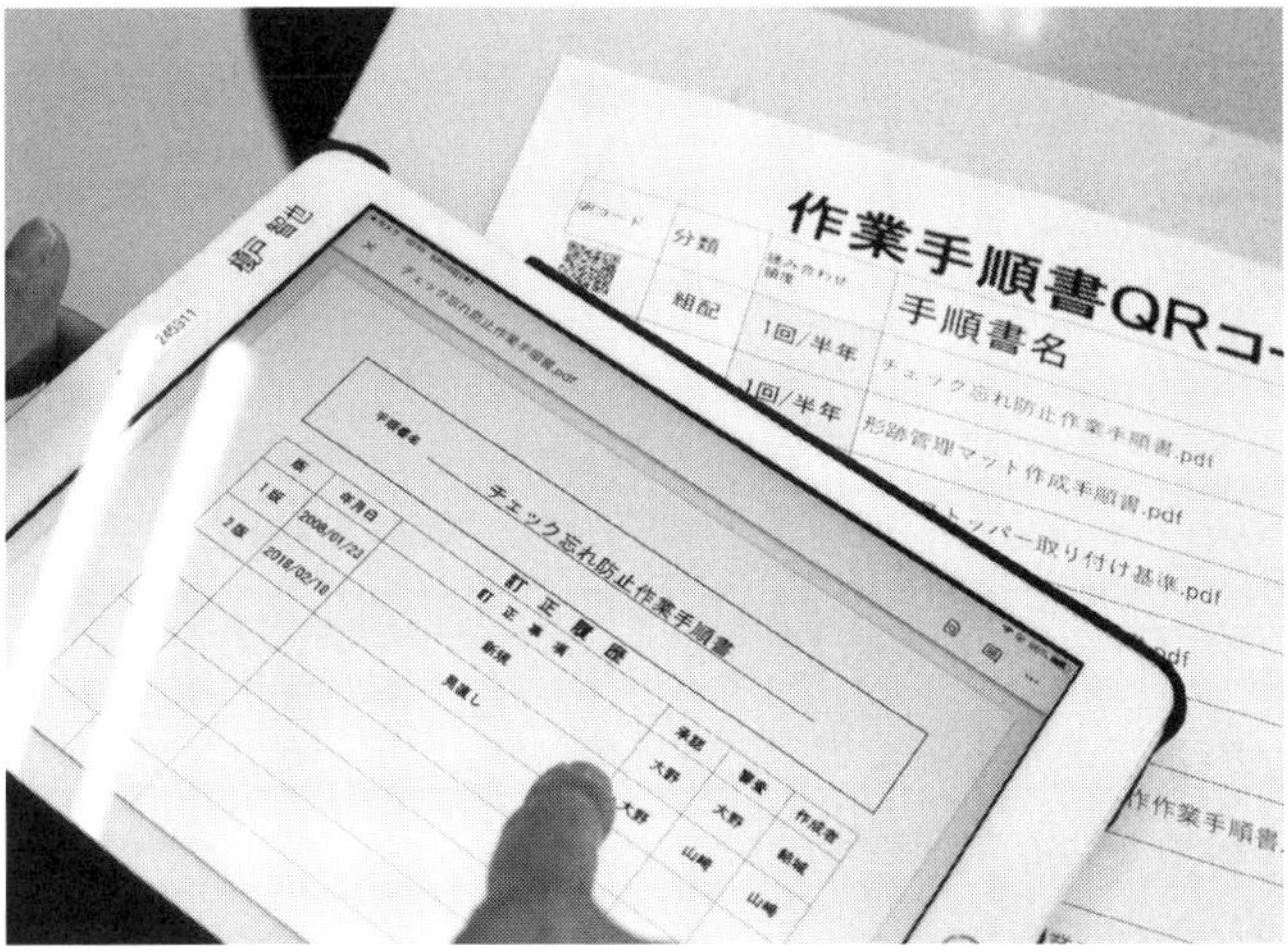

●月に1度読み合わせをする

「品質整備点検」を徹底し、技術を正しく伝承する

●「4M」の変化点・変更点を管理する

NISSYOの経営計画書には、「品質に関する方針」が明記されています。私は、「品質はわが社の命であり、類似事故は会社の恥」であると肝に銘じています。製品の品質を守ることは、

「お客様を守ること」

であり、ひいては

「当社を守ること」

です。品質管理の基本は**「４Ｍ」**の管理と改善です。「４Ｍ」とは、製品の品質を管理するために必要な４つの要素（４つのＭ）のことです。

【品質管理の４Ｍ】

・Man《マン》：人（要員）

……スキル不足やヒューマンエラーはないか。人材の配置、人員の数は適切か、など。

・Material《マテリアル》：材料

……材料や部品の欠陥はないか。部品同士の不整合はないか。調達手段や調達量は適切だったか、など。

・Machine《マシン》：機械（設備）

……トラブル、故障、設備の能力不足、劣化はないか。機械のレイアウト（動線）に問題はないか、など。

・**Method《メソッド》：方法**

……作業方法の抜けや作業手順の間違いはないか。作業マニュアルの整備、標準作業の取り決めはなされているか、など。

4M管理は、製造に関わる変更点を明確に洗い出し、把握する手法のひとつです。万が一、製品に不具合が発生した場合は、4Mの変更点を調査します。

製造現場では、担当者の変更、設備の変更、材料や部品の変更、マニュアルの変更などが頻繁に行われています。4つの要素の変更点を管理することで、変更による製品の不具合を予防することが可能です。

●4週に1度、品質整備点検を実施する

NISSYOでは経営計画書の事業年度計画表にそって4週に1度、**「品質整備点検（品質パトロール）」**を実施しています。

・品質整備点検

……チェックシートを使って、作業手順書通りに運用されているかを確認する。社長、品質保証部員、各課長、安全管理者、衛生管理者で行う。必要に応じて、安全の改善を指示する（翌月の点検日までに改善する）。機械については、設備点検表を確認する。

品質整備点検は4Mを管理するための内部監査ですが、一方で、「ベテラン社員の技術力（設計力）が新人（後任）に正しく伝えられているか」を確認するしくみでもあります。

点検者は、「作業手順書通りに仕事が行われているか」を確認するため、新人（後任）に次のような質問をしています。

「作業のしかたを誰に教わりましたか？」

「手順書はどこにありますか？」（クラウド上に手順書があるため、ＱＲコードから簡単にアクセスできる）

「手順書のどの工程、どの手順を作業していますか？」

すべての質問に正しく答えていれば、「作業手順が正しく伝授されている」と判断できます。

社員Aが社員Bに「手順書に則った作業のしかた」を正しく教える。すると社員Bも社員Cに「手順書に則った作業のしかた」を教えることができます。社員Cは社員Dに、社員Dは社員Eに作業のしかたを正しく教える……。

こうして技術が正しく伝授・共有されていくのです。

設計部の櫻井大（2003年入社）も、技術を伝えていくことの大切さを感じています。

「ものづくりをしている以上、技術があってこそお客様に信頼されると思います。そのための人づくりと技術の伝授をしくみ化して、社員が自ら成長できる環境を整えていくことが大切だと思います」（櫻井大）

第２章　生産性のレベルがありえない！

「環境整備」を徹底し、工場の無理無駄を省く

●「仕事をやりやすくする環境を整えて備える」

当社が事業活動の柱として位置付けているのが、**「環境整備」**という取り組みです。工場のショールーム化が実現できたのは、全社一丸となって環境整備に注力しているからです。

・環境整備
……「仕事をやりやすくする『環境』を『整』えて『備』える」活動のこと。

環境整備とは、わかりやすく言うと、「整理」「整頓」「清潔」を徹底することです。

◎整理……いらないもの、使わないものを捨てること。

「不要なものを捨てる」という経験を何度も繰り返していると、「もの」だけではなく、「情報」や「仕事」の無駄にも気づくことができます。

◎整頓……ものの置き場を決め、向きを揃え、いつでも、誰でも、すぐに使える状態を保つこと。

整頓には、

「①ものの整頓」「②考え方の整頓」「③情報の整頓」

の3つがあります。

「①ものの整頓」……三定《さんてい》を管理する。三定管理をすることで、ものを探す時間や戻す時間を最小限にできるので、作業効率がアップする。

【三定】

・**定位置**：ものの置き場所を決める。ものの向きを揃え、直角、水平に置く。使用頻度に応じて、ものの置き位置を変える（毎日使う→手前／週1度→遠く／月1度→倉庫）。

・**定品**：ものと置き場所に名前を表示する。管理責任者を表示する。

・**定量**：ものの数量を表示して管理する。

【三定管理の例】

・キャビネットに各自の顔写真を貼り、ファイルなどの置き場所を決めて管理する。顔写真には携帯電話の番号を表示し、すぐに連絡が取れるしくみ。

・現場での情報共有は、色分けした付箋を使い、誰が見てもひと目で状況がわかるようにする。

・工具棚に、工具と同じ形にくり抜いたウレタン（スポンジ）を貼って、形跡管理する。「すべての工具が元に戻っていなければ出荷しない」というルールを設け、品質管理を徹底する。

仕事をやりやすくするための環境整備

●三定管理とは定位置、定品、定量

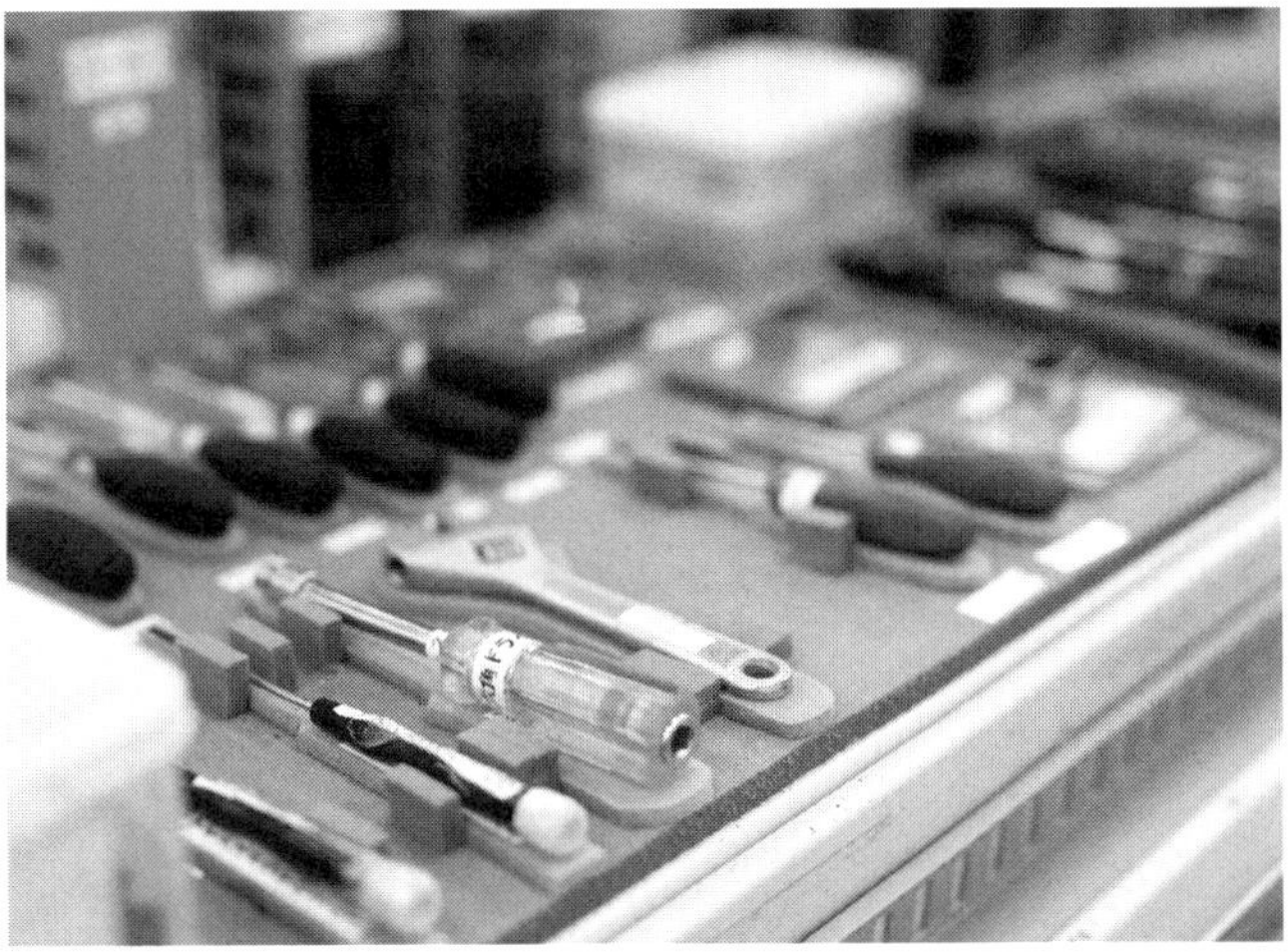

●毎朝20分間決められた場所を決められた人が徹底的に磨く

「②考え方の整頓」……社内勉強会を開催したり、経営計画書を唱和して考え方（価値観）を揃える。

社員全員が同じ方向に向かって行動することで、考え方まで揃いはじめる。社員の考え方が統一されると、会社として統率力や団結力が格段に高くなる。

「③情報の整頓」……情報に日時をつけて整頓する。

◎清潔……徹底的に磨くこと。

毎朝20分間、窓を拭く、トイレ掃除をする、床を磨くなど、「今日はここだけ掃除する」と分担表とエリアマップで決められた人が決められた場所を徹底的に磨きます。

徹底的とは、「人から見て『ありえない』くらいの行動をする」ことです。

●環境整備は会社の「文化」である

環境整備は、「掃除」とは違います。

掃除は、「掃いたり、拭いたりして、ゴミやホコリ、汚れなどを取り去ること」ですが、環境整備は

・「仕事の無理無駄を省く活動」
・「会社の文化をつくる活動」

です。

環境整備を徹底すると、「目に見えるものが整い、人の価値観が整い、目に見えない情報が整う」ため、会社の生産性が大幅に改善されます。

また、環境整備を習慣にすると、社長と社員の価値観が揃うので、会社の存続を揺るがす危機に直面したときでも、社長の指示通り動ける社風ができ上がります。

文化を持たない会社は、いざというピンチに直面したとき、乗り越えることができません。社員の価値観がバラバラで、結束する力が弱いからです。

環境整備によって社長と社員が同じ価値観を身につけ、文化を育んだ会社は、極めて強い組織になります。

「PDCAサイクル」を回して、先を見据えた業務改善に取り組む

●現状維持は後退と同じ

当社は、製造物の品質を管理・監督する品質マネジメントシステムの国際規格「ISO9001」認証を取得しています。

ISO9001では、**「PDCAサイクル」**による品質マネジメントシステムの継続的な「改善」が重要なものであると位置づけられています。

・PDCAサイクル

……計画から業務の見直しまでを一貫して行い、さらにそれを次の計画・事業に生かそうという考え方のこと。

・P（Plan／プラン）

……仮説を立てて計画する。

・D（Do／ドゥ）

……仮説をもとに、計画通りに実行する。

・C（Check／チェック）

……仮説通りの結果が出たかを検証する。

・A（Action／アクション）

……検証の結果、仮説通りなら継続する。仮説と違っていれば、改善する（新しい計画をつくり直す）。

NISSYOでは現在、PDCAサイクルを回しながら、「先を見据えた業務改善」

に取り組んでいます。

【PDCAサイクルを回すためのおもな施策】

◎環境整備点検

◎品質整備点検（85ページ参照）

◎社内アセスメント（実行計画アセスメント）

◎現玉大作戦

私が師事している武蔵野の小山昇社長は、

「あらゆることが猛スピードで変化する時代にあって、現状維持は後退と同じ。後退の行き着くところは、倒産、買収、消滅しかない」

と述べています。

中小企業は、変化を起こすことはできません。けれど、変化についていくことはできる。会社が生き残れるかどうかは、社長が、

「時代の変化に自社を対応させていけるかどうか」で決まります。

企業活動は、「現実の変化」「お客様の変化」「ライバルの変化」にいち早く対応していかなければいけません。したがって、現状に満足せず業務改善を続ける必要があります。

●環境整備は、PDCAサイクルを回すしくみ

前述した環境整備もPDCAサイクルを回すしくみです。

当社では、4週に1度、私と幹部社員が**「環境整備点検」**を実施しています。点検日は事前に決められていて（経営計画書に明記）、抜きうち検査はしません。

「環境整備点検シート」には、項目ごとに「評価」の欄が設けられていて、「〇」か「×」を判断し、チェックをします。「△」はありません。

「×」がつけられた項目は、D（Do／ドゥ）が間違っていたことがわかります。

すると、チェックをされた社員は、「どうして○がもらえなかったのか」を検証し、「どうすれば○がもらえるのか」を考え、改善に取り組みます。そうしなければ、来月もまた「×」がついてしまうからです。

当社が環境整備に取り組みはじめたのは、2004年からです。

環境整備の導入にあたっては、株式会社武蔵野の小山昇社長にご指導いただきました。当社は環境整備の導入前から「清掃活動」に力を入れ、社内美化に努めていました。

視察にいらした小山社長からも「たしかに掃除はできている」と評価をいただきましたが、一方で、「個々のパーツはできているが、それらがつながっていない」との問題点が浮き彫りになりました。

「パソコンとプリンターが用意されていても、線でつながっていなければ、印刷できません。それと同じです」（小山昇社長）

当時の私は「掃除をすれば儲かる」と短絡的に考えていて、「仕事をやりやすくするには、どうしたらいいか」という発想がありませんでした。社内美化と作業の効率化は「別のもの」と捉えていたのです。

環境整備が**「PDCAサイクルを回して業務改善を進めるしくみ」**であることに気づいていませんでした。

●社長が率先して取り組まなければ、環境整備は定着しない

環境整備の導入以前から工場の清掃活動は徹底していたので、掃除はできていたはずです。それでも売上は伸び悩んでいたのですから、正直なところ「環境整備をはじめても、会社を変えることはできないのでは？」と疑問視していました。

武蔵野の担当者から、「環境整備を定着させるために、6ヵ月間の実行計画（どのように整理・整頓・清潔をしていくのか）を作成してください」と指導を受けたときも、「社員にテキトーにつくらせればいい」と甘く考えていました。

するとすぐに、小山社長から手紙が届いたのです。

「社長が自ら環境整備に首を突っ込まなければ、ＰＤＣＡサイクルは回りません。久保さんが本気になれないなら、やめたほうがいい。プログラムは中止です」

手紙を受け取ってすぐ、私は慌てて小山社長のご自宅に「一生懸命やるので、続けさせてください」と書いたファックスを送りました（笑）。

その後、社長の私が率先して環境整備に取り組んだ結果、ボディブローのようにジワジワと会社が変わってきました。ものを探す時間が短くなったり、移動する時間が減ったり、小さな無駄がなくなることで、少しずつ成果が積み上がっていったのです。

社内アセスメントを実施して、半期ごとに実行計画を作成する

●各部の方針は、現場の社員が自ら策定する

会社全体の方針は社長が決定します。しかし、各部の個別方針（＝実行計画）は、「現場」が策定しています。半年に1度（上期と下期、2回）、全従業員（アルバイトやパートの一部を含む）が、**「社内アセスメント（実行計画アセスメント）」**を実施し、自分たちの手で実行計画を作成します。

具体的には、実行計画シートに「3年先」の目標を定めます。次に、「目的」「重点方針」「半年間で達成するべき目標」「評価尺度」を定めます。

さらに、この目標を達成するための施策を「重点施策」とし、月ごとの計画として落とし込んでいきます。

基本的に社長は口を挟まず、現場がつくった実行計画に対して、「本当に実施できるか」「本当に成果が出るか」をチェック（承認）するだけです。

部門ごとに半年間を振り返り、実行してきた施策の中で「成果が出たもの」と「出なかったもの」について検証を行います。

・成果が出たもの……継続
・成果が出なかったもの……新たな施策に変更（次の半年間の目標と実行計画を立て直す）

「社内アセスメント」に臨む前の準備として、部門ごとに**「プレアセスメント」**を行っています。

プレアセスメントでは、**「未来対応型問題解決シート」**を用いて、現在のボトルネック部分と気づきを書き出します。

【プレアセスメントの流れ】

①振り返り

……振り返りシートを用いて、半期の数字、良かった点、改善点を全員で洗い出す。

②未来対応型問題解決シートを作成

（新しい施策など、振り返る内容がないときも作成する）

……最初に、「〜でありたい」「〜したい」「目的」を明確にする。その後、現状をそのまま放置していたらどのような問題が発生するのかを考え、そうならないための（問題を解決するための）「方針」を考える。

③実行計画の決定

……出揃った「方針」に優先順位を付けて、実行計画を立てる。

「未来対応型問題解決シート」を使うと、「このままのやり方を続けたら、どのような結果が待っているのか」を客観的に分析できるので、自部門の問題点や改善点をあぶり出すことができるのです。

各部の方針＝実行計画は現場がつくる

●実行計画表は社内に掲示される

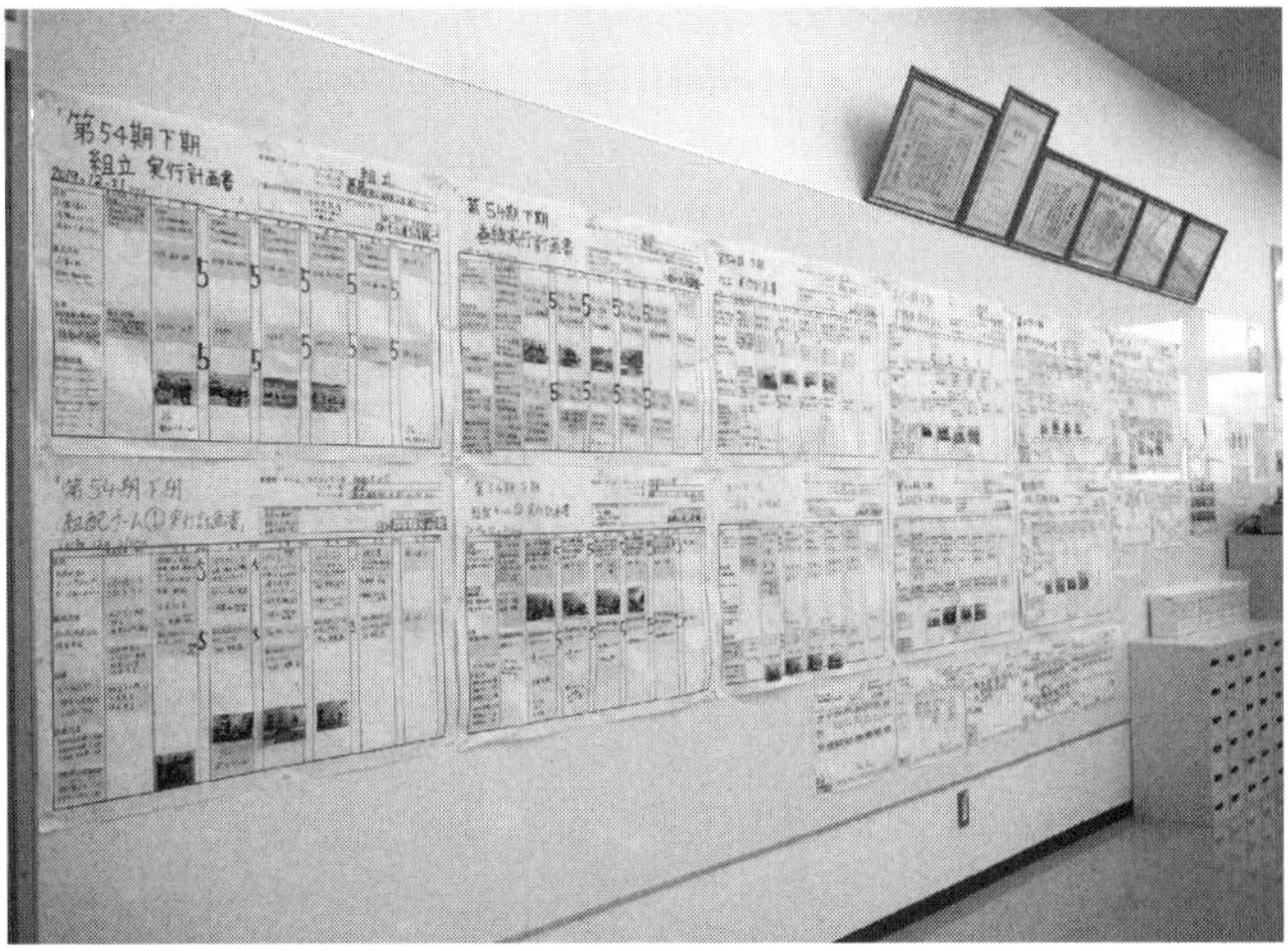

●日本人、外国人の区別なく全従業員が作成する

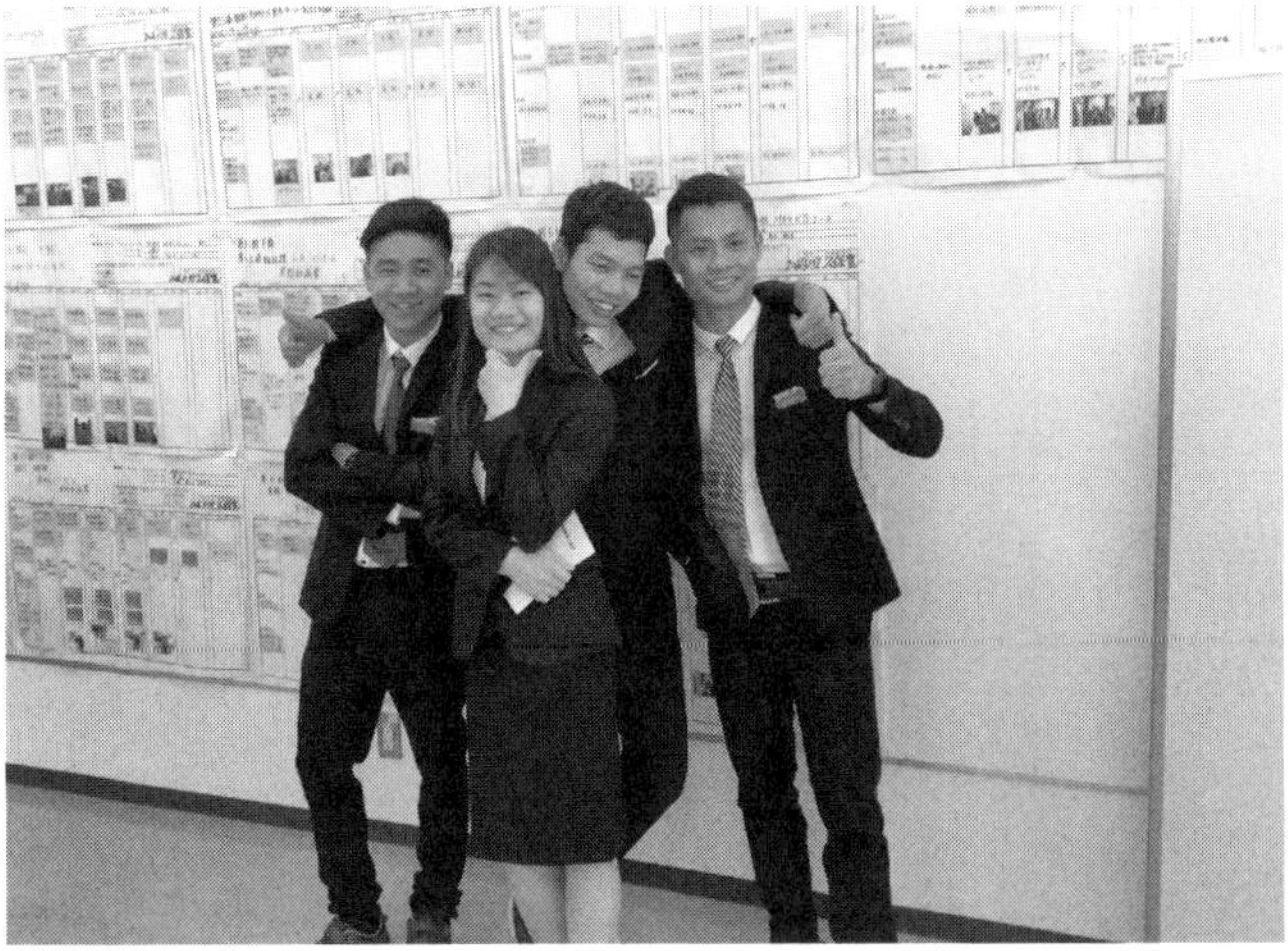

組織は、縦糸と横糸が組み合わさって強くなる

●全社横断的な組織をつくり、業務改善を加速させる

NISSYOには現在、7つの**「委員会」**が設置されています。

・委員会

……社長の方針を細部にわたって実現するための全社横断的な組織。委員会も半期に1度、「社内アセスメント（実行計画アセスメント）」を行い、年度事業計画の達成状況（実現度合い）を見直す。すべての従業員は、いずれかの委員会に所属して活動している。

生地は、縦糸と横糸を組み合わせて織ることで、耐久性が生まれます。私は会社も同じだと考えています。

各部署が縦糸で、部門を横断して改善を進める「委員会」が横糸です。

【NISSYOの委員会】

- ・環境整備委員会
- ・教育委員会
- ・カイゼン委員会
- ・ベンチマーキング委員会
- ・イベント委員会
- ・新卒採用委員会
- ・DX委員会

製造部の小野優介（2018年入社）は入社3年目の若手社員です。小野は新卒採用委員会に所属して、採用活動の現場リーダーを担当しています。

「当社には人事部や採用部がないため、有志によって構成された『新卒採用委員会』が合同説明会、学校求人、面接など、採用に関わるさまざまな業務に携わっています。

私はまだ入社3年目ですが、若いからこそ学生とのギャップが少なく、今の学生のトレンドを踏まえた採用活動ができています。

就活に悩んでいる学生に対して、『自分も文系だけどちゃんとやれているから、理系でなくても大丈夫だよ』『NISSYOは頑張れば頑張った分だけ評価してもらえる会社だよ』『タバコを吸わないだけでお金がもらえるヘンな会社だよ（笑）』と、自分の体験を振り返りながらアドバイスしています。

それから、自分がNISSYOの採用試験を受けたときの話をすることもあります。実は私、最終面接のときに社長から怒られています（笑）。

理由は嘘をついたから。当時の私は今と違って、『評価されたい』とか『責任ある仕事に就きたい』という目標が希薄でした。それなのに私は、『上昇志向がある』と偽ってしまったんです。

その途端、社長の機嫌がどんどん悪くなってきました（笑）。適性検査の結果と私の発言の整合性が取れていないことに、気がついたのだと思います。

検査結果を見れば、私に『上昇志向がない』ことは一目瞭然です。それなのに私が『上昇志向がある』と嘘のやる気を見せたため、社長は私の虚偽を見破りました。

社長から『なぜ、嘘をついたのか』と問い詰められ、『自分をよく見せようとして嘘をついてしまいました、申し訳ありませんでした』と謝ったところで面接は終了。『落ちたな』と落胆しながら席を立とうとしたところ、不思議なことに、その場で内定をいただいたのです。

社長はそのときのことを覚えていないそうですが（私は、覚えていると思います）、私が採用されたのは、当社の経営計画書に『明るくて素直な人を採用する』と書いてあるように、その場ですぐに謝ったことが評価されたからだと思います」（小野優介）

「現玉《げんだま》大作戦」を実施して、現場からのカイゼン提案を吸い上げる

●従業員のやる気を「現金」で釣る

「カイゼン委員会」では、月に1度、従業員（パートも含む）から「業務改善提案」を募り、その中から優れたものを「カイゼン賞」として表彰しています。

このカイゼン活動推奨制度は**「現玉大作戦」**と呼ばれています。

提案者は、

「救急セットの仕分けをして、使いやすくした」

「プレス機のケーブルにカバーをつけて、安全性を高めた」

「社用車のカギの置き場所を工夫した」

「パソコン台を改善し、省スペースでも作業ができるようにした」

「日本語の資料をインドネシア語、ベトナム語にも翻訳した」

「トイレ掃除のチェック基準をあらためた」

「溶接後に使用するブラシに鏡を取り付けることで、かがまなくても裏を見ることができるようにした」

など、自らが実施した改善策（小さな改善策）を全社員の前でプレゼンします。


改善提案が出揃ったら、全従業員で投票を行います。

従業員ひとりにつき「3票」持っているので「3つの改善案」に投票できます。投票はGoogle スプレッドシートにｉＰａｄで書き込むので、数秒後には結果がグラフ化されてわかります。


投票を集計し、投票の多かった「1位から5位まで」に報奨金が与えられるしくみです（1位には１００円玉70枚で７０００円授与。報奨金を「１００円玉の現金」

で渡しているため、「現玉大作戦」という名称にしています）。

社長の私も提案していますが、社員は誰ひとり忖度《そんたく》しません（笑）。投票は公平なので、社長の提案なのに箸にも棒にもかからないこともあります。

報奨金をもらった上位の従業員は、1週間以内に、「改善前」と「改善後」の変化をコメントとしてまとめ、提出するのが決まりです（**「カイゼン ココが変わったでSHOW!」**）。

そして、1年間でもっとも多くカイゼン賞を獲得した従業員には、会社からヨーロッパ視察の機会が与えられます。


世の中は、常に変化しています。昨日正しかったやり方が今日も正しいという保証はどこにもありません。

たとえ今、結果が出ていても「今のやり方が正しい」「このやり方が最善である」「これ以上のやり方はない」と思考を止めた時点で、会社の成長は止まります。

現状にとどまらず、「もっと売上を伸ばす方法はないか」「より効率的に利益を計上できる業務フローはないか」を考え、改善を続けることが大切です。

現場に業務改善を習慣づける現玉大作戦

●グループごとに改善策をプレゼン

●上位の改善策はビフォーアフターを掲示

現玉大作戦で生まれた改善例

●社員がラズパイ（マイクロコンピュータ）を使って作った「図書貸出システム」。誰が借りているかわかるだけでなく、貸出期限を過ぎるとメッセージがChatwork（チャットツール）に自動で送られてくる。

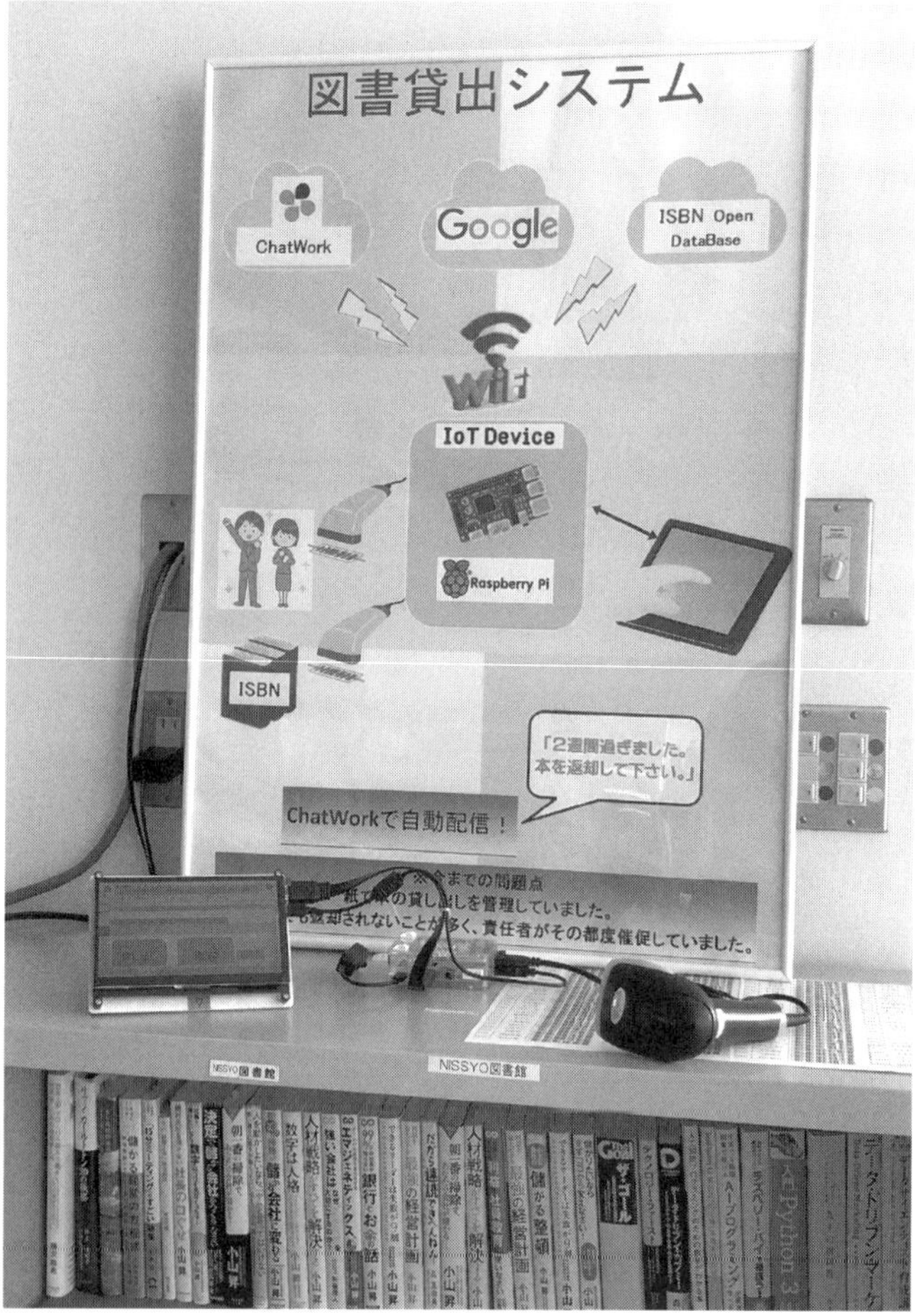

いち早くデジタル化に取り組み、「MCPC award 2018」を受賞

●iPadを全従業員に配付して、デジタル化にいち早く備える

現在、製造業におけるデジタル化への動きが顕著です。

製造業を巡って、新しい技術や概念が次々と登場しています。マーケティング、セールス、製造現場、社員教育、労務管理、業務改善など、「ものづくり」におけるあらゆる局面で、デジタル化が進んでいます。

NISSYOでは、2015年、タブレット端末「iPad」を従業員に配付

（55台）しました。現在は150台です。

iPadを活用して、「精算・入力作業」「月末の棚卸し作業」「日報のチェック」「スケジュール管理」「残業の可視化」「未来予測・意思決定・企画立案」など、さまざまな**業務の効率化とペーパーレス化**を推進しています。

2018年11月には、iPadとペーパーレス会議アプリ、**「MetaMoJi《メタモジ》 Share for Business」**（以下、メタモジ）の連携による「業績向上」「業務の効率化」「モバイル技術の効果的活用」が認められ、モバイルコンピューティング推進コンソーシアム（MCPC）の「MCPC award 2018」を受賞しました。

「メタモジ」は、タブレットやスマートフォンの特性を最大限に生かしたグループコミュニケーションアプリ（ペーパーレス会議アプリ）です。

「メタモジ」を活用すれば、資料の準備・配付から、会議の進行、会議後の振り返りまで、会議運営の効率化が実現可能です。

iPadの配付は、社長の私のトップダウンで決定しましたが、「メタモジ」は現場の声を踏まえた上で導入しました（「現玉大作戦」において、「メタモジ」を使った仕事の効率化が1位を受賞）。

【「iPad＋メタモジ」導入の効果】（一例）

・「図面待ち」の状態がなくなるため、残業時間が削減される

導入以前は、紙の図面を回覧していました。しかしそれではひとりしか作業ができないため、時間がかかっていました。

メタモジは、ひとつの図面（PDF）に、複数の作業者が同時にアクセスできるため、作業の停滞が解消され、納期の短縮（労働時間の短縮）につながっています。

紙図面の用意や検査済み図面のスキャンも不要になったので、作業効率が格段にアップしました。

・トレーサビリティが向上する

トレーサビリティ（Traceability）とは、トレース（Trace：追跡）とアビリティ（Ability：能力）を組み合わせた造語で、「追跡可能性」と訳されます。

テキスト、手書き文字、写真など、誰がいつ書き込みしたかの記録が残り、あとから簡単に参照（追跡）できるので、トレーサビリティが向上します。

トレーサビリティが向上すると、出荷後の製品に仮に問題が発生した場合でも、「どこに不備があったのか」をさかのぼることが可能です。

ログインIDや記入した時間が記録されるため（何時何分まで履歴を残せる）、「誰がどこをチェックしたのか」の確認も容易です。

・年間43万2000枚のコピー用紙を削減できる

メタモジ導入前は、トレーサビリティを残すために、図面をコピーしていました。ですが導入後は、図面の印刷（コピー）が不要になったため、年間で「288万7000円」のコスト削減につながっています。

iPad＋メタモジで生産性大幅アップ！

●iPadで図面をリアルタイムで共有でき、納期の大幅短縮に

●図面に作業の履歴が残せる

・環境問題に貢献する

紙図面が不要になったため、図面を溶解処理（機密文書の処理法）する回数が削減され、環境問題にも貢献できます。

●デジタル化の波に乗れない企業は淘汰されていく

「日経ＢＰ総合研究所」は、デジタル化の必要性を認めながらも、一方で、「多彩なデータを利用しながら製造業のしくみを進化させるＩＴ基盤を導入するための必要な資金や人材を中小企業はなかなか確保できない現状がある」と述べています（参照：『日経ＢＰ総研２０３０展望 ビジネスを揺るがす１００のリスク』２０１８年10月発行）。

「今後、デジタル化の波に乗れない中小企業（製造業）は淘汰されていく」と私は考えています。

当社では、数年前からデジタル化を促進し、時代の変化に対応してきました。

巻線機につけられたマイクロコンピュータ。データをリアルタイムに処理できる。これも社内で作られた

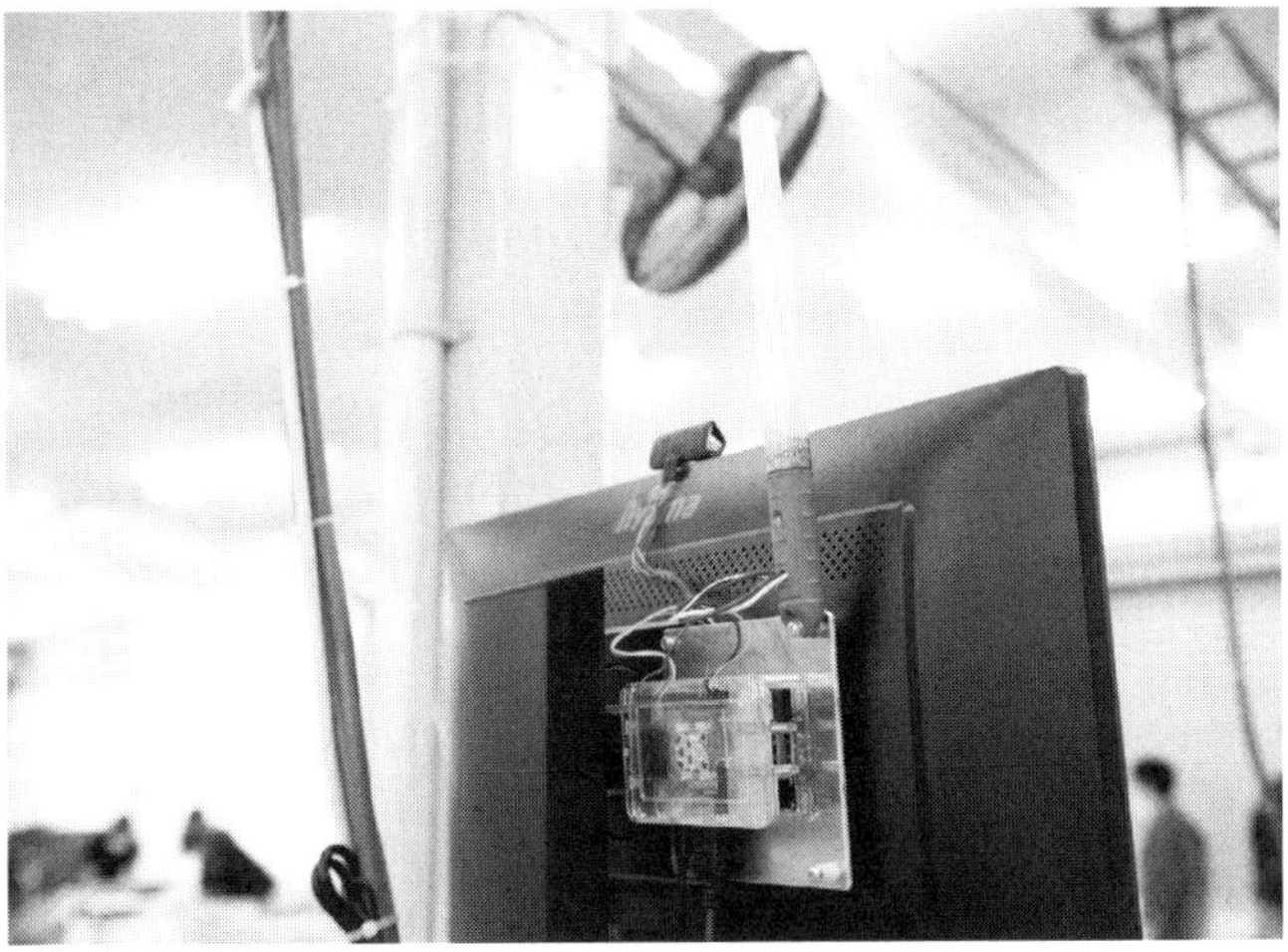

「お客様と接する場面（コミュニケーション）はアナログで。バックヤードはデジタルで」が基本方針です。

お客様へのセールスや社員教育は、アナログで手間をかけたほうが会社は強くなります。一方でバックヤードはできるだけＩＴ化して、効率化を図っています。

デジタル化はＤＸ委員会が中心となり、社内展開しています。すべての巻線機には、ＡＩ開発に広く使われている「パイソン（Python）」でプログラミングされた、世界的に有名な小さなマイクロコンピュータ「ラズパイ（Raspery Pi）」が搭載され、ｉＰａｄを使ってデータをリアルタイムに処理しています。

デジタル化には大きなコストがかかります。しかし、デジタル化によって生まれた時間をお客様の新規開拓や社員教育などに充てれば、投資額を上回る業績を上げることが可能です。

つまり、バックヤードのデジタル化によって利益を出しているのが当社なのです。

第3章　人づくりのレベルがありえない！

これからの時代に生き残るのは、人材戦略に優れた会社

●人を大切にしている会社は、危機に直面しても盤石である

ＮＩＳＳＹＯが経営指導を受けている武蔵野の小山昇社長は、常々、「これまでは、営業戦略や販売戦略の強い会社が利益を上げていたが、これからは人材戦略に長けた会社が生き残る」と断言されています。

中小の町工場は恒常的な人材難でしたが、２０１４年以降はとくに顕著です。人材難を引き起こしている要因は、おもに3つあります。

①「消費税の増税（5％から10％）による経済構造の変化」

……公共事業を中心に雇用が増加して、人手不足に。

②「ゆとり世代以降のトレンド変化」

……給料よりも休みを優先するトレンド傾向。また、個人プレーよりも「チームプレー」に対する意識が強い。同期の中で一番に出世することより、「みんな一緒」に成長することを望む。

③「人口の減少」

……厚生労働省が発表した「令和元年（2019年）人口動態統計の年間推計」（令和元年12月発表）によると、出生数（生まれた子どもの数）は86万4000人、死亡者数は137万6000人で、自然減少数は、「51万2000人」。少子化（人口の減少）に拍車がかかっている。

こうした社会的な要因によって、中小製造業は、人材の確保が難しくなっています。「会社が人を大切にしない（人材戦略に力を入れない）→社員が辞める→募集をかける→中小企業には人が集まらない→残った社員の負担が増える→疲れ果てた社員がまた辞める→人手不足が深刻化する→売上が落ちる……」

こうした負の連鎖の先にあるのは、倒産です。

新型コロナウイルスの感染拡大が、製造業にも大きな影響を及ぼしています。

しかし、コロナ関連破綻の中には、新型コロナウイルスが原因とは言い切れない倒産もあります。

業績不振や財務悪化などの課題を抱えていた企業に、新型コロナウイルスが「最後のひと押し」をした形です。業績不振や財務悪化をもたらしたのは、経営者の「人材」に対する意識の低さであると私は推察しています。

東日本大震災、リーマン・ショック、新型コロナウイルスといった危機にさらされても倒産しない強い体制をつくる。そのためには、人材戦略に力を入れることが急務です。

●人材戦略を磐石にする2つの要諦

人材戦略の要諦は、

①「採用活動に力を入れる」

②「人材の流出を防ぐ」

の2つです。

①「採用活動に力を入れる」

多くの社長は、「能力のある人材」を求めます。しかし私は、「能力のある人を採用すれば、会社は良くなる」とは考えていません。

組織にとって大切なのは、社員の能力ではなく、「価値観を揃えること」です。当社は、能力よりも価値観、考え方を共有できる人を採用しています。

考え方を共有できる人材であれば、理系文系も、性別も、国籍も不問です。

2009年から新卒採用をはじめ（毎年2、3人採用）、現在、全社員の3分の1が新卒入社です。12年間で退職した新卒社員は5名だけ。新卒定着率は80％以上です。

かつてハローワークから、「御社のような町工場の場合は、中途採用を集める以外、人材を確保することはできない」と言われたこともあります。しかしそれでも、新卒採用に踏み切りました。なぜなら、

「新しい人を採用しなければ、会社は活性化されない」

からです。

新卒社員は前職の「色」がついていないため、当社の方針や仕事のやり方をすぐに吸収してくれます。

製造部の青木嵩汰（2013年入社）は経済学部出身です。電気に関する知識はゼロでしたが、現在は管理職としてマネジメントに尽力しています。

文系の青木を採用したのは、「考え方を共有できる人材だった」からです。

「私は文系でしたから、面接のとき、『電気の知識のない自分に製造業が務まるのか』

を質問させていただきました。すると、『知識は入社してから鍛え上げるから大丈夫。だから気にしなくていいよ』と。

私は経済学部出身なので、数字には多少強いほうだと自負していましたが、現場に出てみると、『経済で使う数字と製造業で使う数字はまったくの別物』でした。

とはいえ、大学で学んだ知識が役に立たなかったわけではありません。企業活動はモノの流れ、人の流れ、お金の流れを見ていかなければ成立しないので、『人間の生活に必要なものを生産して流通させる』という経済学の本質が、製造業で仕事をする上でも役に立っていると感じます」（青木嵩汰）

②「人材の流出を防ぐ」

……社員が会社を辞める理由は、大きく「3つ」に大別できます。

【会社を辞める3つの理由】

（1）「仕事」が嫌で辞める

（2）「上司」が嫌で辞める
（3）「会社」が嫌で辞める

「仕事」が嫌になるのは、本人の特性に合った仕事に就いていないからです。人事異動を行うなどして仕事の内容を変えると、離職を防ぐことができます。

「上司」が嫌いになるのは、コミュニケーション不全が原因です。面談やイベント、飲み会を定例化するなど、社内の風通しを良くするしくみが必要です。

「会社」が嫌になるのは、会社の方針を教えていないからです。「会社のルールを知らない（知らされていない）」と不満を募らせ、離職率が高くなります。経営計画書の方針に基づいた価値観教育を実施して、会社のルールを周知することが重要です。

営業技術部の泉仁人（2009年入社）は、入社前から当社のコミュニケーションの良さを実感していたといいます。

「私はNISSYOの新卒1期生です。当時は年の近い先輩がほとんどいなかったため、

定期的な飲み会が風通しを良くし、コミュニケーションを良くする

●部署ごとのコミュニケーション

●上司とのコミュニケーション

仲良くしていただけるか、少し心配だったんです。

ですが、内定者のうちから社内行事に呼んでいただくなど、とても気にかけていただきました。私は地元が埼玉なので、前泊をしたときには、夜中の2時まで飲んで歌って盛り上がって……（笑）。元気な先輩が本当に多くて、入社後も毎週、飲みに連れて行っていただきました。

社長は、父親のような存在です。時に厳しく、時に優しく接してくださいます。入社して半年も経たないころ、一人暮らしの私を気遣って、ラーメン屋さんに連れて行っていただいたことがありました。そのとき、隣の席に座っていた男性から、瓶ビールを1本ごちそうになったんです。社長は車で来ていたので飲めません。私だけいただいてしまいました（笑）。その上、社長は私の家まで送ってくださったのです。

これからも、どんどん新卒社員が入ってくると思います。その方たちが『入ってよかった』と思えるように、先輩方や自分自身が蓄積してきたノウハウやデータを後輩に引き継いでいける環境をつくっていきたいです。そして、私が先輩にしていただいたように、私も後輩社員たちと、たくさんコミュニケーションを取っていきたいと思います」（泉仁人）

能力よりも価値観を共有できる人を採用する

●価値観が揃っていなければ、組織はバラバラになる

当社の新卒社員の離職率が低いのは、採用に関する方針を明確にして、「辞めない人材」「NISSYOに適した人材」を採用しているからです。

【社員に関する方針】※一部抜粋して紹介

1…基本

能力よりも価値観、考え方を共有できることを重視する。

2…採用

（1）価値観を共有できる人を採用する。
（2）明るい笑顔で素直な人を採用する。
（3）3年以内に転職を考えている人は採用しない。

仮に、次の4人が当社の採用試験を受けたとします。

- **Aさん**……能力◯　考え方◯（能力があって、当社の価値観にも合っている）
- **Bさん**……能力×　考え方◯（能力はないが、当社の価値観に合っている）
- **Cさん**……能力◯　考え方×（能力はあるが、当社の価値観に合っていない）
- **Dさん**……能力×　考え方×（能力もなく、当社の価値観にも合っていない）

当社が採用したいのは、「Aさん」と「Bさん」です。
なぜなら、価値観（考え方）を共有することができるからです。

Bさんの現状は「能力×」ですが、当社は社員教育に力を入れているため、入社後に能力不足を補うことができる。実務スキル、作業スキルを高めることが可能です。

CさんとDさんは、他社で働いたほうが力を発揮できると思います。Cさんがどれほど優秀で能力が高くても、会社の考え方に従えない人（他の社員と同じ方向を向くことができない人）は、結果として当社の戦力になりません。

当社が必要としている人材は、

・「私（NISSYO）と価値観が合う人」
・「NISSYOの文化、社風に馴染める人」

です。

強い組織をつくるには、「均一である」＝「全員が同じ価値観を持つ」ことが不可欠です。能力のある社員を集めても、価値観が揃っていなければ、組織はバラバラになります。

一方で、価値観が揃っていれば、社員全員で同じ戦い方ができるため、能力が劣っていても、「組織力」で勝負できます。

●「人柄重視」で採用する

私が就活生に見ているのは、能力ではなく、資質です。

「一緒に働きたい」と思う人材であれば、単位不足で卒業ができなくなったとしても、内定を取り消すことはありません。営業技術部の長野誠（2016年入社）も、卒業が延期になってしまったひとりです。

「お恥ずかしい話ですが、内定をいただいたあと、大学から『単位が足りていないので、卒業できない』と連絡がありました。慌てて社長に連絡をしたところ、『大学の卒業は会社に入ってからでもいいから、4月からはうちに来なさい』と言ってくださったのです。

社長は会社の誰よりも勉強をしていますし、会社の誰よりも『人』を大切に考えています。内定をいただいたあと、社長が私の両親のもとに挨拶に来てくださいました。父が『あの社長さんなら大丈夫』と言っていたのが印象的でした」（長野誠）

新卒だけでなく、中途採用であっても、「能力より考え方」を重視して採用しています。製造部の新井秀洋も入社前は電気知識ゼロでしたが、現在はトランス課に欠かせない重要な戦力です。

「中途採用で高卒、その上武闘派（笑）、電気知識はなかったので不安だらけでしたが、社長をはじめ職場の方々が懇切丁寧に指導してくださり、本当に助かりました。

当社は社員教育に力を入れているため、共通の言語と共通の価値観を持っています。全従業員が同じ方向を向いているので、孤独感や劣等感で悩んだりすることがありません。『仕事はみんなでやる』という一体感を感じられる職場だと思います」（新井秀洋）

●外国人を積極的に採用し、ダイバーシティ経営を実現

人材会社「エン・ジャパン」が563社を対象に「ダイバーシティ推進」に関するアンケートを実施したところ、従業員数が1000人未満の中堅・中小企業では、ダイバーシティ経営が進んでいない現状が浮き彫りになりました。

ダイバーシティ経営に取り組んでいる割合は、「26〜36％」にとどまったそうです。

NISSYOは、率先してダイバーシティ経営を進めていて、女性、シニア、外国人など多様な人材を受け入れています。

当社は、**国籍を問わず「当社と価値観の合う人材」を採用する**方針です。

現在、ベトナム人とインドネシア人の従業員（正社員とアルバイト）が合わせて55名います。日本語検定3級、2級の合格者は、日本人と同じ待遇で雇用しています。

日本語の読み書きが苦手な人には「ひらがなの練習帳」を渡して、私たちが日本語を

教えることもあります。また、入社前から、日本人の学生と同様にマナー研修に参加してもらい、日本の文化に慣れてもらっています（研修の最後には、祖国のご両親に感謝の手紙を書き、投函します）。

入社後も、心理分析ツールを使って個人の特性を把握しているので、特性に合った仕事を与え、特性に合ったコミュニケーションを取ることが可能です。

中小企業、とくに製造業では、「日本人だけで固める」のは難しいのが実情です。だとすれば、お客様と接する部分（日本語での高度なコミュニケーションが必要な業務）は日本人を中心にして、バックグラウンドは、外国人に任せたほうが現実的だと私は考えています。

製造業の人材不足は深刻ですが、**「どこから人を集めてくるのか」を多角的に捉えてみれば、「人は、まだまだ採用できる」**というのが私の実感です。

営業技術部のグエン・セン・ハーは、ベトナムの大学を卒業後、来日しました。「IT関係の仕事に就きたいと思い、日本に来ました。日本語学校から紹介されてN

ＩＳＳＹＯでアルバイトをするようになり、その後、正規雇用をしていただきました。この会社はＩＴ化が進んでいるので、理想の会社に就職できたと思います。

　働きはじめた当初は、日本語もわからないし、トランスのこともまったくわかりませんでした。けれど上司が丁寧に教えてくださったので、少しずつ、仕事にも会社にも馴染むことができました。この会社が好きなので、会社の改善に少しでも貢献できるよう、力になりたいですね。

　来日して5年ほど経ちますが、日本は安全で、環境もキレイで、何よりＮＩＳＳＹＯのみなさんはとても優しいです。ベトナムには戻らず、このまま日本に住みたいと思っています」（グエン・セン・ハー）

多様な人材が活躍できる環境を整える

社員教育には時間とお金をかける

●会社の実力は、入社後の「社員教育の量」で決まる

産労総合研究所が発表した「2018年度（第42回）教育研修費用の実態調査」によると、従業員ひとりあたりの2017年度実績額（教育研修費用）は、年間で「3万8752円」でした。

では、当社の社員ひとりあたりの年間教育費はいくらかというと、2019年度は、**「約50万円」**でした。

一般的な企業の「約13倍」も教育研修費用を使っているのは、

「人の成長なくして、会社の成長はない」

と考えているからです。

会社の実力は、社員の学歴で決まるわけではありません。会社の実力を決めるのは、入社後の「社員教育の量」です。

「社員教育には時間とお金をかける」のが当社の方針です。

【内部体制に関する方針】（一部抜粋）

教育

①社員教育には時間とお金をかける。

②教育は仕事を教材とし、経営計画書、手順書、チェックシートを用いて現場で教える（OJT）。

③まずは先輩が手本を見せ、次に後輩にさせてみる。後輩ができたかどうか再度チェックする。できたあとも目を離さない。

④EGセミナーを全社員が受講する（EGについては後述）。

⑤平均的にやらず、優秀な人、やる気のある人をさらに教育する。

⑥教育に関する手当

（1）残業に当たる勉強会（就業時間外の勉強会）は、「最低賃金×1・25×時間」で支払う。

（2）通常の残業時間と合算して、40時間までとする。

（3）早朝勉強会は、「最低賃金×1・25」の給与を支払う。

⑦部門別に専門教育を充実する。

必要な費用は会社負担する。

ただし資格試験を受験して落ちた場合でも、2回までは全額会社支給とする。

3回以上落ちた場合には、半額支給とする。

最終的に合格した場合の費用は全額支給する。

社員教育の目的は、「スキルアップ」と「価値観の共有」の2つですが、NISSYOでは、「価値観の共有」に力を入れています。

教育研修費用のうち、スキルアップ教育にかけているのは、約3割。残りの7割は価値観の共有に費やしています。

組織づくりにおいて重要なのは、当社の考えや価値観、風土に共感でき、行動を共にできるかどうか。そのためには、価値観教育に力を入れて、全従業員が共通の言葉と共通の認識を理解することが大切です。

組織的価値観の共有を徹底するための取り組み

●社員教育の充実を図り、社員のベクトルを揃える

「組織的価値観の共有」を徹底するため、さまざまな取り組みを実施しています。

【価値観を揃えるための社員教育】（一例）

◎早朝勉強会

月に2回、朝7時15分から7時55分まで、**「早朝勉強会」**を実施しています。

この勉強会では、経営計画書と小山昇社長の著書『仕事ができる人の心得』（経営

用語の解説集）をテキストに、会社の方針、仕事のコツ・心得を解説します。講師は私が務めます。

基本的に「参加は自由」ですが、参加した回数を人事評価に連動させています。

早朝勉強会は就業時間外に行っているため、参加者には、「最低賃金×1・25」の研修残業費を支払っています。

◎朝礼（方針の定着）

「朝礼」で経営計画書の一部（方針）を読ませるようにしています。

読む項目を決めておかないと、社員は「短いところ」しか読まないため（笑）、経営計画書の事業年度計画表（1年間のスケジュール欄）に「○月○日は○ページを読む」と具体的に明記しています。

たとえば、経営計画書のスケジュール欄に「9／25　水　コミュ－1」とあれば、「9月25日の朝礼では、『コミュニケーションに関する方針』の1番目の項目を読む」ことがわかります。

◎日本経済新聞スピーチ

朝礼の時間に、**「日本経済新聞スピーチ」**を行っています。指名された社員が発表者となって、日本経済新聞の朝刊（原則1面）に掲載されている記事を題材に、「どのような内容だったか」「自分はどう思ったのか」をコメントします。

【日本経済新聞スピーチのルール】

・持ち時間は2分間。発言時間が2分ぴったりだった場合は、社長がポケットマネーで「1000円」の報奨金を支払う。

・発表者は、新聞を見ながらコメントしてはいけない。

・発表後に「質問タイム」を設ける。たとえば、「右から5番目の人、さきほど私は『中国の製造業の生産が何ドル減る』と言いましたか？」など、発表者は参加者の中から任意で指名していい、質問タイムを設けると、参加者は、当てられたときに答えられるように、メモを取るようになる。

価値観を揃える教育のしくみ

●月2回、時間外手当を払って行う早朝勉強会

●朝礼で経営計画書を読み合わせる

◎給与体系勉強会

社員にとって「自分の給料」は最大の関心事です。それなのに多くの社員は、「どうすれば、自分の給料が上がるのか」をわかっていません。

そこでNISSYOでは、給料体系を勉強する**「給料体系勉強会」**を開催し、出席を義務付けています。

給料体系勉強会では、経営計画書に明記された「社員に関する方針」「人事評価に関する方針」を参照しながら、「10年後の自分の給料」を計算してもらいます。

自分の基本給をベースに、

・10年間「オールA評価」だった場合
・10年間「オールC評価」だった場合

の10年後の給料の違いを計算します。

10年間「オールA評価」の社員と10年間「オールC」の社員では、給料に

150％（1・5倍）の差が出ます。

この差を知ると、多くの社員が、「頑張れば、給料が増える。頑張らなければ、給料が減る」ことを理解します。

社員が給料に文句を言うのは「評価基準」が明確でないからです。当社は、「評価基準」を明確に定め、社員に公開しています。

当社の人事評価制度は、

「頑張った社員と、頑張らなかった社員の給料・賞与に差をつける」

「チャンスは平等に与え、学歴、性別、年齢、国籍による差別をしない」

制度です。

頑張っても、頑張らなくても評価が同じだとしたら、頑張らない社員がまともです。

ですから、差をつける。年齢や職責に関わらず、頑張れば頑張っただけ収入も増えるしくみです。

◎社外セミナー

全社員が武蔵野の主催するセミナーに参加しています。

社長だけが勉強をしていると、社長と社員の間に溝（実力差）が開いてしまいます。しかし当社では、社長も社員も、武蔵野（小山昇社長）が提供するカリキュラムで勉強をしているため、同じ方向を向くことが可能です。

社長ひとりが勉強しても、会社を成長させることは難しい。会社の成長に必要なのは、勉強している社員の「数」です。

武蔵野以外にもトヨタ生産方式、カイゼンについて、月1度講師をお招きし、全社員で勉強しています。

社員も一緒に勉強し、スキルや知見が増えれば増えるほど、会社は変わります。

NISSYOでは、**「エマジェネティックス®」**（以下EGと表記）という分析ツールを組織づくりに活用しています（株式会社EGIJが主催する「EGセミナー」の参加を全社員に義務づけている）。

エマジェネティックス®は、人間の個性を分析するプログラムです。

診断テストの結果からプロファイル（155ページ写真下）を作成し、その人の特性を「4つの思考特性」と「3つの行動特性」で分析します。

プロファイルの違いは、「考え方」「伝え方」「仕事の進め方」などの違いとしてあらわれます。EGのプロファイルを見ると、

- **どのような考え方をする傾向にあるか。**
- **どのような行動を取ることが多いか。**
- **どのような学習方法を好むか。**
- **新しい状況に対して、どのようにアプローチする可能性が高いか。**
- **人からどう見られ、人にどう反応することが多いか。**
- **何を得意とし、何を不得意としているのか。**

などが明らかになります。

当社では、全社員に「EGセミナー」を受講させ、各自のプロファイルを社内に貼り

出しています。「どの人が、どのような特性を持っているのか」を見える化するためです。
ＥＧを導入すると、

「社員の特性に合わせた人材配置」

「社員の特性を生かした指導」

「相手の特性に合わせたコミュニケーション」

などが可能になります。

◎面接

当社では、毎月1回、上司と部下（パート含む）の**「面接」**を実施しています。
コミュニケーションを密にするには、回数を重ねる必要があります。半期に一度、1時間の面接をするより、1回5分でもいいから、毎月面接をしたほうが上司と部下の価値観が揃います。
社長や上司が主観で評価をすると社員はやる気をなくすので、「評価シート」を使って面接をしています。

社長だけでなく社員も一緒に勉強する

●トヨタ生産方式の勉強会

●EGのプロファイルを掲示し、共有する

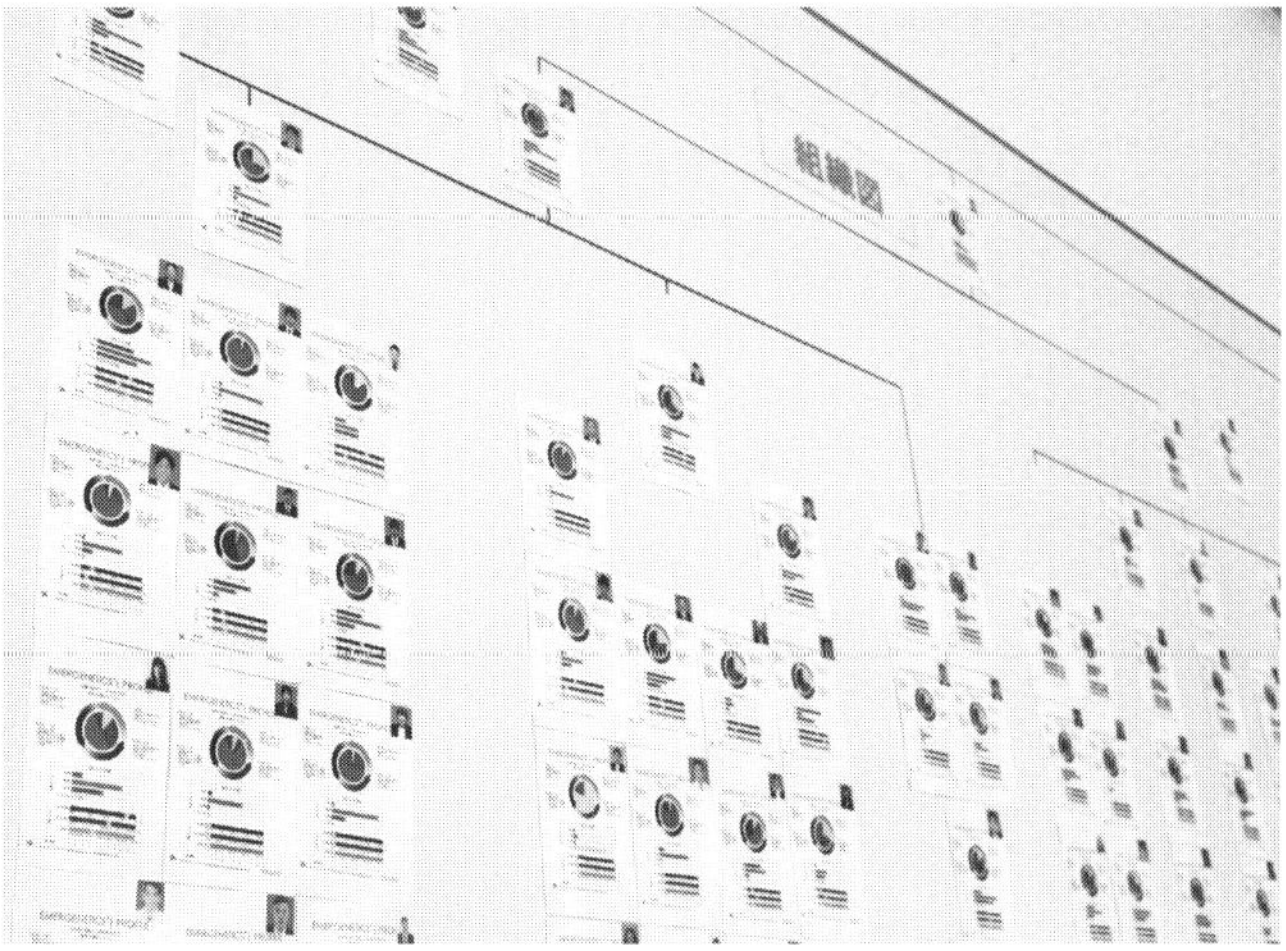

部下は、評価シートの各項目について自己採点をします。上司も、部下の点数を採点します。そして、お互いの採点結果をすり合わせて、点数の違いについて話し合います。この差を埋めることで価値観を揃えることができます。

製造部の村林諒（2010年入社）は、当社の先輩社員（上司）のことを「兄弟」にたとえています。

「入社の決め手になったのは、社長や先輩たちの距離の近さやエネルギッシュなところに魅力を感じたからです。

実際に入社をしてみると、いい意味で自由な印象を受けました。自主性を尊重してくれる会社ですね。先輩方は私の意見を頭ごなしに否定することはありません。

私と同じ目線に立ってコミュニケーションを取ってくださる一方で、決して馴れ合うことはなく、叱るときはしっかり叱ってくださいます。まるで、兄弟のような関係だと感じています」（村林諒）

◎ジャンケン工場長

ジャンケン工場長は、**全社員でジャンケンをしてその週の工場長・副工場長を決める制度**です。入社してまだ日が浅い社員が工場長になることもあります。

工場長は責任を負う役職ですが、責任を負うからこそ、広い視点から物事を考えるようになります。指示をする側とされる側の違いを理解することで、今まで見えなかったものが見えてくるわけです。

また、一度工場長を経験した社員は、「管理職の大変さ」を理解しているので、協力的になります。

ただ、いくら教育とはいえ、新入社員が工場長になってしまうと、まわりが大変です。現在、ジャンケン工場長は年2回6週間だけ行っています。

通常は幹部社員が3週間ごとに工場長、その他の社員（新入社員を含みます）が、副工場長を務めています。

年２回６週間、ジャンケンで工場長を決める

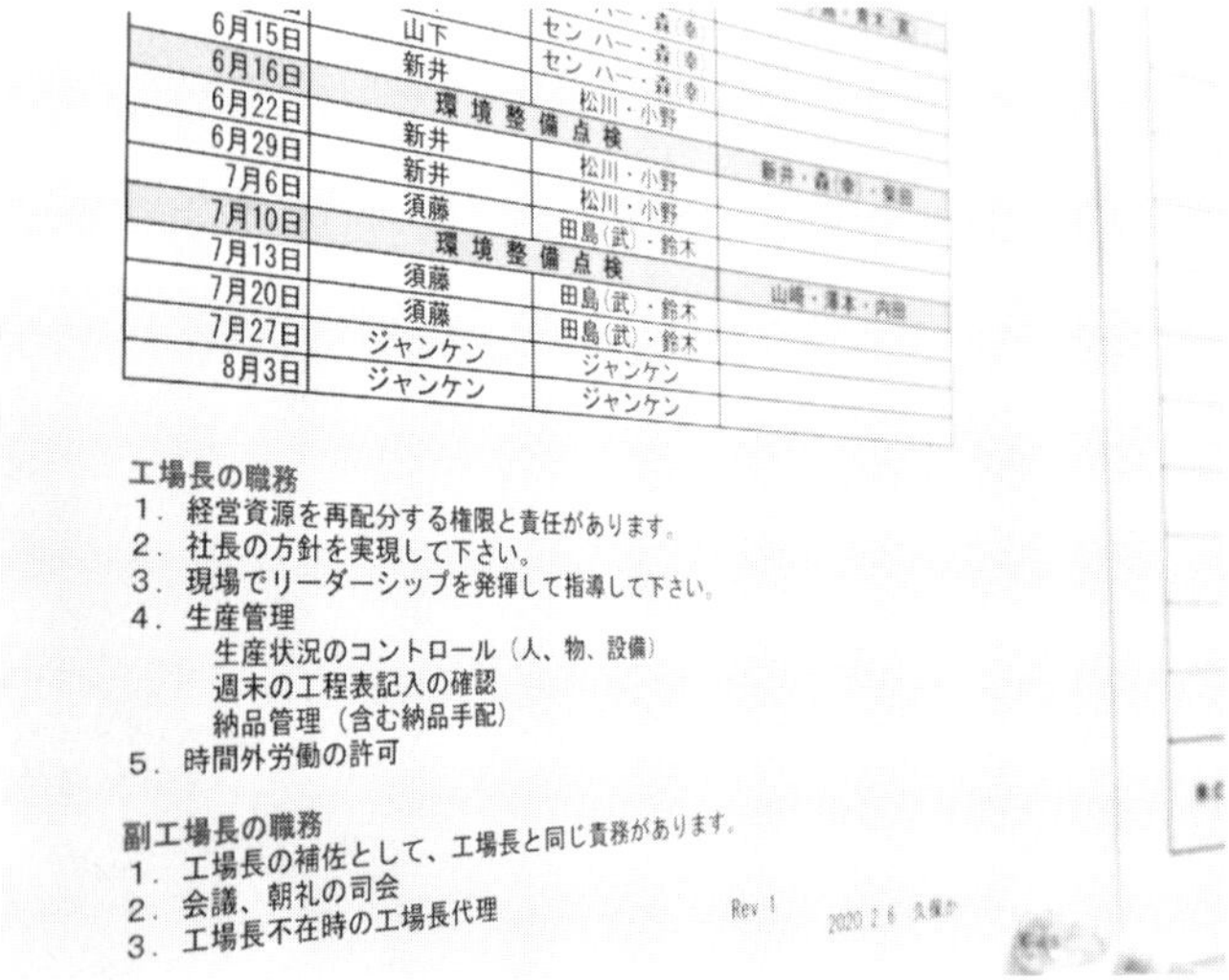

6月15日 山下 セン ハー・森(幸)
6月16日 新井 セン ハー・森(幸)
6月22日 環境整備点検 松川・小野
6月29日 新井
7月6日 新井 松川・小野
7月10日 須藤 松川・小野
7月13日 環境整備点検 田島(武)・鈴木
7月20日 須藤 田島(武)・鈴木
7月27日 須藤 田島(武)・鈴木
8月3日 ジャンケン ジャンケン
ジャンケン ジャンケン
工場長の職務
１．経営資源を再配分する権限と責任があります。
２．社長の方針を実現して下さい。
３．現場でリーダーシップを発揮して指導して下さい。
４．生産管理
生産状況のコントロール（人、物、設備）
週末の工程表記入の確認
納品管理（含む納品手配）
５．時間外労働の許可
副工場長の職務
１．工場長の補佐として、工場長と同じ責務があります。
２．会議、朝礼の司会
３．工場長不在時の工場長代理
Rev 1

本人の「やりたい度合い」を考慮した人材配置を心がける

●人的資源を最適化するための2つのポイント

「仕事」が嫌いになるのは、本人の特性や思考に合った仕事に就いていないからです。

そこで当社では、

①本人の意向や特性に合わせた適材配置

②人事異動による多能工化

の2つを心がけて、人的資源の最適化・活性化を図っています。

①本人の意向や特性に合わせた適材配置

適材配置のポイントは、次の「2つ」です。

【適材配置のポイント】

（1）本人の「やりたさ度合い」を優先する

（2）心理分析ツールを活用する

（1）本人の「やりたさ度合い」を優先する

当社は自由度が高く、自分のキャリアプランを自分で描ける会社です。当社では、本人の「やりたさ度合い」を優先して配属先を決めています。

可能なかぎり、本人の「やる気」「『やってみたい』という気持ち」を尊重しながら仕事の割り当てをしています。

たとえば、新卒社員の場合、**入社後5カ月間は新人研修を実施して、「すべての現場」を経験**させています。

そして、製造、設計、営業など、当社の業務をひと通り学ばせたあと、本人に、**配属の希望先を「3つ」挙げさせ、いずれかの部署に配属**させています。つまり新卒社員は100％希望が叶うわけです。

また、社員の全員が「マネジメント業務に就きたい（管理職になりたい）」と思っているわけではありません。「ものづくりの現場が好き」「管理職にならなくてもいい」という社員には、現場で思う存分、力を発揮していただく。

一方で、「会社全体の業務改善に興味がある」「社員教育に興味がある」という社員にはステップアップ教育（幹部研修、管理職教育）を実施して、幹部になるための準備をしていただきます。

（2）心理分析ツールを活用する

当社では、前述したエマジェネティックス®（EG）のほかに、**「エナジャイザー」**という分析ツールを活用しています。

エナジャイザーを使うと、社員の業務能力、性格、業務適性、価値観など、目に見えない特性を診断することが可能です（本人の意向と分析結果は、一致することが多い印象です）。

営業技術部の水村詩子は、**現在トランスの設計に携わっていますが、もともとは「事務職」として採用**しました。

「最初は、事務職のパート社員として採用されました。当時はまだ事務所も小さかったので、『そんなに大きな仕事はしていないのだろうな』と思っていたのですが、実際には何千万、何億というお金が動いていて、そのころから業績は安定していたと思います。

小さな製造業といえば、『お茶を入れるのも、トイレ掃除をするのも女性の仕事』だと思われがちですが、ＮＩＳＳＹＯは早くからダイバーシティに取り組んでいて、性別や国籍を超えて社員の自主性を大切にしていました。

やりたいことがやれる環境で、私が事務職から設計に移ったのも、設計部の人に、『おもしろそう』とつぶやいたのがきっかけです。

『だったら描いてみる？』と言われたので、『エクセルで図形を描いたりするあの要領なの？』と聞くと、『まあ似たようなもの』だと言うので、CADをやってみた。すると、エクセルで図形を描くよりも簡単だったんです。

当社は縦割りの組織ではありませんし、横断的に仕事に携わることが可能です。現在は、設計をやりながら受注・発注の業務もしていますし、外国人技能実習生の指導もしていますし、新しいシステムを導入するプロジェクトの責任者もしています。設計オンリーではないですね。ベトナム人の技能実習生を採用するため、パートでありながら現地に行ったこともあります。

当社は、社員を締め付けることはありません。キャリアを閉ざすこともない。『やりたい』と手を挙げれば、必ずチャンスをいただけます。これからも、『楽しそうなこと』はなんでもやってみたいですね」（水村詩子）

製造部の関口凌（2019年入社）も、「チャンスを平等に与える」当社の方針に期待をしている社員です。

「たとえば、人前に出て何かを発表するなど、自分では苦手だと思っていたことや、今までやってこなかったことにも挑戦したいと思っています。チャンスは平等に与えていただける会社なので、それを逃さずに自分のものにしたいです」（関口凌）

②人事異動による多能工化

当社は、定期的に社員の人事異動（部署交代）を行っています。ひとつの部署に在籍する年数は3年〜7年。7年以上、同じ部署で働くことはありません。

人事異動のメリットは、次の「3つ」です。

【人事異動のメリット】

（1）多能工化が実現する

（2）職場の無理・無駄・ムラがなくなる

（3）社員が新しいことに挑戦するようになる

（1）多能工化が実現する

多能工とは、複数の異なる作業や工程を遂行する技術を身に付けた作業者のことです。これまでの製造業では、ひとつの作業や工程だけを遂行する「単能工」（いわゆる職人）が一般的でしたが、現在では、多能工化していく動きが活発になっています。繁忙期やイレギュラーな仕事が発生したとき、多能工のスキルを持っていれば、さまざまな担当業務を行うことができます。人材を流動的に動かすことができるため、突発的な依頼にも対応が可能です。

また、社員が幅広い業務を担当できるようになれば、普段からお互いをフォローする体制が構築されるので、自然な形でチームワークが醸成されます。

（2）職場の無理・無駄・ムラがなくなる

同じ仕事を長く続けていると、新鮮味が薄れ、客観性を失うことがあります。人事異動をすると、「新しいやり方」で仕事に取り組むようになるので、これまで慣例だった職場の無駄や、非効率なプロセスを見つけることができます。

(3) 社員が新しいことに挑戦するようになる

同じ部署に長くいると、「自分は仕事ができる」と錯覚します。過去の体験にしがみつき、マンネリ化し、気が緩み、変化や失敗を恐れるようになります。人事異動を行えば新たな体験をすることになるので、失敗から学ぶことができます。

新しい部署で新しい仕事をすれば、最初は必ず失敗します。しかし、人の成長は、失敗なくしてありえません。

「なぜ失敗したのか、どうすれば次はうまくいのか」を考え、改善する。こうして人は成長します。

大規模な人事異動を断行すると、一時的に現場は混乱します。ですが、組織を活性化させるためには、人事異動によって会社を変化させていくことが重要です。

時間と場所を共有しなければ、価値観は揃わない

●コミュニケーションとは、「感情」と「情報」のやりとり

前述したように、仕事を辞めるおもな理由は「会社が嫌」「上司が嫌」「仕事が嫌」の3つです。

いかなる理由であれ、最後に退職希望者の背中を押すのは、「コミュニケーション不足」です。どんなに待遇や条件が良くても、コミュニケーションが良くないと人は定着しません。

武蔵野の小山昇社長から、常々「コミュニケーションとは、『感情』と『情報』の

やりとりである」と教わっています。


「○○さんのことが好きだ（嫌いだ）」

「○○さんのことをこう思う」

「それについては不快だ」

という感情。

「こういうことがありますから、こうしてください」

「お客様は、こう言っておられます」

「ライバル会社はこうです」

という情報。


「感情」にも、「情報」にも「情」（なさけ）という文字が入っています。

「情（なさけ）」を深くするには、「回数」を重ねてやりとりをすることです。相手に関心を持って「何度も時間と場所を共有する」からこそ、「愛情」も「友情」も育ま

月１回の社内イベントで時間と場所を共有する

●年１回の社員旅行

●毎年恒例の餅つき大会

れるのです。時間と場所を共有しなければ、コミュニケーション不全は解消されません。そこでNISSYOでは、社長と社員、あるいは上司同士が「時間と場所を共有」できるよう、数多くの**「社内イベント」**を実施しています。また、社員やパート同士で感謝の気持ちを伝え合う**「サンクスカード」**も導入しています。

●飲み会を会社の公式行事にする

さらに当社では、半年に一度「飲みニケーション」（飲み会や食事会／部署・委員会で1回ずつ）をするのが決まりです（会社が参加者ひとりにつき3000円負担）。

コミュニケーションの原点は、人と人が顔を突き合わせて会話をすることです。飲食は人の心を緩ませます。人はよく話すようになり、人と人の垣根が低くなる。だから、お互いの本音を聞くことができます（現在はWeb飲み会に変更。1時間の飲み会で3000円がもらえ、評価シートの点数が上がります）。

第４章　経営計画のレベルがありえない！

経営計画書は、共通の目標を持つためのツール

●「ヒト」「モノ」「カネ」の悩みを解決するツール

製造業の多くは、「ヒト」「モノ」「カネ」で悩んでいます。

・ヒトの悩み（人材育成）

……社員が言うことを聞かない。社長の思いが伝わらない。社員のモチベーションが低い。優秀な人材が獲得できない。社員教育のしかたがわからない……など。

・モノの悩み（売上・サービス）

……試行錯誤しているが売上は上がらない。生産性が向上しない。どうすれば粗利益額が増えるのかわからない……など。

・カネの悩み（資金調達・運用）

……金融機関がお金を貸してくれない。利益は出ているのに給与が支払えない。キャッシュフローが悪く、自転車操業をしている……など。

この3つの悩みを解決するために、当社では、**「経営計画書」**と呼ばれる手帳を従業員全員に配付しています。

経営計画書を経営の柱に据えることで、経営方針の共有化を図ることが可能です。

●目標を紙に書くと、行動も判断も的確になる

当社が電気事業に転業をしたのは、織物業が衰退したからです。電気関連事業に関する知見もなく、当時は、確固たる目標を描けずにいました。

先代も私も、「利益を出したい」と思ってはいたものの、

・「いくら利益を出したいのか」（数字）
・「利益を出すために何をすればいいのか」（方針）
・「いつまでに利益を出したいのか」（期日）

が決まっていませんでした。

そこで私は、小山昇社長に教えを請い、武蔵野が使っていた「経営計画書」を参考にしながら、自社の目標を「紙」に書くことにしたのです。

手帳型の経営計画書は会社のルールブック

数字、方針、期日が明示されている

口約束は曖昧ですが、紙に書けば明確になります。目標を紙に書くと優先順位が決まるため、行動も判断も的確になります。

●「数字」「方針」「期日」を明確にする

多くの製造業が利益不足で苦しんでいるなか、当社が「黒字経営」を続けているのは、

・「数字」
・「方針」
・「期日」

を明記した経営計画書を全従業員が徹底的に活用しているからです。

◎数字

……経営計画書には、今期の経営目標（売上高、粗利益額、人件費、教育訓練費、経常利益額、売上成長率）と、長期事業構想書（当期から5年先までの事業計画、粗利益計画、

要員計画、設備計画、施設計画、資本金、生産性）を、具体的な数字で明記しています。計画を数字に落とし込まないと、自社の状況を把握できません。ですから、経営計画書には、

「現在はこれくらいの売上で、これくらいの利益が出ていて、5年後はこうなる」

という会社の「現状」と「行き先」を具体的な数字で表現しています。

◎方針

……経営計画書は、会社の「ルールブック」です。

「戦略に関する方針」「環境整備に関する方針」「お客様に関する方針」「クレームに関する方針」「社員に関する方針」「内部体制に関する方針」「幹部に関する方針」など、社員が徹底すべき「約束事」を明文化しています。


守るべきルールや実行すべき方針を明文化しておけば、誰が、いつ、どこで読んでもブレることがないため、社員の価値観が揃い、同じ方向に動くことができます。

社長が方針を決定しなければ、社員は何を実行していいかわかりません。したがっ

て、社長のもっとも大切な仕事は、方針を決定すること。一方、社員のもっとも大切な仕事は、方針を実行することです。

たとえば、当社では**「親孝行のしかた」**まで、**経営計画書に明記**しています。

【社員に関する方針　3…親孝行】

①新入社員の最初の仕事は親孝行です。社会人として正しい言葉と態度で、自分の給料を使い、両親に感謝の気持ちを伝える。ゴールデンウィーク中に帰省する。

（1）親孝行の進め方（初任給）

ご両親と相対して正座し、「社会人としてはじめて給料をいただきました。「今まで育てていただき、ありがとうございました」とお礼を言い、プレゼントを渡す。プレゼントはなんでもよい。ご両親がいない方は、自分が一番お世話になった方に行う。

②親孝行レポート1枚（A4）を社長に提出し、朝礼にて発表する。

1…プレゼントを選ぶときの気持ち

2…渡したときの気持ち

3…両親の反応

4…両親との写真

③レポートは5月15日までに提出する。
親孝行手当として、交通費1万円を支払う。

④プレゼントは初任給の2割以上とする。

◎期日

……経営計画書で方針を示しても、「誰が、いつ、何をやるのか」を決めなければ、その方針は、絵に描いた餅になる。ですが人は、「決められたこと」、「書かれてあること」なら守ります。ですから、「事業年度計画表」（年間スケジュール）をつくる必要があります。

当社では1年間を「4週間1サイクル」で考え、A週、B週、C週、D週に分けてスケジュールを決めています。

そして「A週の火曜日は現玉大作戦」、「C週の月曜日は役員会議」、「B週の水曜日は安全パトロール」、「D週の火曜日はリーダー会議」というように、パターン化しています。

事業年度計画表には、管理職の「有給休暇取得予定日」も記しています（休暇を取る社員の名前を明記しています）。

NISSYOには、**「長期休暇制度」**があり、管理職は連続して9日間の有給休暇を取らなければいけません。

部署の中核メンバーが1週間程度不在になると、その間に若手が仕事をフォローするため、成長のきっかけづくりになります。

上司が休んで業績が下がると、それは上司の責任です。

ですから上司は部下に、自分がいなくても部署の仕事がきちんと回るように、仕事の引き継ぎをします。一方、部下は上司の不在の間に「上司と自分の2人分の仕事」を責任持ってこなすため、その間に著しく成長する。だから、人が育つのです。

さらに、経営計画書に「有休取得日」を記載し、積極的に有給休暇を消化していいます。**有給消化率は65%**（2019年度実績）で、労働基準監督署からも消化率の高さを評価いただいています。

新卒社員の場合、基本的には入社半年後から有給休暇の取得権利が発生します。そこで、入社半年までは、**「特別休暇」**という名目で、実質的な有給休暇を与えています。

経営計画書の原案は、幹部社員につくらせる

●目標・方針に対する利益責任は社長にある

当社は基本的に、社長のトップダウン経営です。

トップダウンといっても、社員の自主性に蓋《ふた》をしたり、強制的に働かせたりしているわけではありません。社長の独善・独断で舵取りをしているのではなく、現場の声を最優先した経営改善を図っています。

トップダウン経営とは、「責任能力のある者が、その事業に関する決定権を持つ」という意味です。

計画書に書かれた目標・方針に対する利益責任は、社長にあります。

たとえば、コップを割ってしまったときに、「ごめんなさい」と謝罪すれば済むのが社員。責任を負って弁償にあたるのが社長です。会社が赤字になったとしたら、それは「社長の責任」です。

責任能力のない者に、事業に関する決定権はないと私は考えています。

ですから当社の場合、業務改善の提案は現場が行い、社長の私が提案の可否を承認しています。

●経営計画書アセスメントを開催し、方針を見直す

経営計画書は、2012年の第45期までは私ひとりでつくっていました。社長と社員の価値観が揃っていなかったためです。

その後、社員教育（価値観教育）に力を入れ、社員の考える力が育ってきたため、現在は、幹部にアセスメントを任せています。

教育を受けた組織であれば、社長の方針を実行してきた歴史があるため、幹部は「この会社を成長させるにはどうしたらいいか」を理解しています。

ですので、幹部の意見を反映させたほうが、現場に即した方針をつくることが可能です。

毎年6月に、幹部が集まって、今期の経営計画書の方針をアセスメントします。

「この方針は実行できた」
「この方針は実行できなかった」
「この方針は成果が出た」
「この方針は成果が出なかった」

と評価し、中止する方針（成果が上がらなかった方針）、続行する方針（実行して成果が上がった方針）、修正する方針をアセスメントします。

幹部を集めてアセスメントをさせると、「Aさんは実行できているけれど、Bさんは実行できていない。なぜBさんはできていないのか」「その方針は、そういう意味があったのか。自分の解釈とは違った」など、話し合いによって理解が深まるようになります。

幹部社員に経営計画書の方針を評価・修正させる

アセスメントで現場に即した方針ができる

そして、幹部が作成した方針の原案を社長の私が承認し、経営計画書の内容を確定しています。

●5年後の事業計画も、毎年見直す

経営計画書の**「長期事業構想書」**は、今期から5年先までの計画なので、「5年後にまたつくり直せばいい」と考えることもできます。

しかし当社では毎年、長期事業構想書を書き換えています。なぜなら、自社をとりまく状況は、刻々と変化しているからです。

東日本大震災、リーマン・ショック、チャイナ・ショック、新型コロナウイルス感染症の拡大など、社会情勢の変化によって自社の情勢も大きく変わります。

「期待していた事業が伸び悩んだ」「取引先を失った」「ライバルが参入してきた」「新規事業がうまくいかなかった」などの理由で経営環境が変われば、すぐに対策を講じなければなりません。現況が変われば、展望も変わります。

社長は経営環境の変化に敏感でなければならない。だからこそ、長期事業構想書を見直す必要があるのです。

製造部の青木嵩汰（2013年入社）も、「会社の長期的な将来性」を見据えて、当社に入社してきました。

「NISSYOに入社を決めた理由は、大きく2つあります。ひとつは、地域性です。私は学生のころから、『生まれ育った青梅市に企業活動を通して貢献したい』と考えていました。青梅の地で生まれたNISSYOであれば、それを叶えることができるはずです。

もうひとつは、会社の将来性です。経営計画書に長期事業構想書があるのは、社長の久保が常に先を見据えた経営をしているからです。

入社当初、久保が「5年後には、あなたの下に部下が15人つきます」と言ったとき、私は想像もしていませんでしたが、実際にそうなってとても驚いています。

野心を持って、夢を持って、常にチャレンジする久保の姿を見ていると、『自分もああいう大人になりたい』と思います。

私のミッションは、部下の可能性を引き上げること、そして現場を改善することです。そのためには、私自身が現状にとどまらず、チャレンジし続けることが大切です。私が次のステージに上がっていくことで部下も成長し、ひいては会社も成長すると考えています」（青木嵩汰）

経営計画発表会は、経営計画書に魂を吹き込む儀式

●年に一度、社長が自ら経営方針を発表する

毎年7月に、社員、金融機関、来賓の前で、社長が自ら前期の報告、今年度の経営方針、長期事業構想について解説する**「経営計画発表会」**を開催しています。

「仏つくって魂入れず」ということわざがあります。

物事をほとんど仕上げておきながら、「肝心な最後の仕上げが抜け落ちてしまっている」ことのたとえです。

方針や数字を明記した経営計画書が「仏」であるならば、その中に「魂」を吹き込む儀式が経営計画発表会です。

経営計画発表会は、第1部と第2部に分けて行います。

・**第1部**……おもに経営計画の発表（方針と数字）が中心。

社員の席順は、当日に配付される経営計画書に記載された配付先一覧の序列に従い、職責上位が前に座る。

・**第2部**……懇親パーティー。仮装して踊ったり、早食い競争をしたりして、第1部とはうって変わって楽しみます。

●経営計画発表会には、金融機関の担当者も招待する

経営計画発表会には、金融機関の担当者も招待します。金融機関の方々に、社長(私)

毎年１回行う経営計画発表会

●第１部は厳粛に行う

と社員の姿勢を見ていただくためです。

経営計画発表会では、社長の決意を宣言します（経営計画発表会にあたって）。ということは、「社長の姿勢」を見てもらうことができます。

また、社長の発表に真剣に耳を傾ける「社員の姿勢」、全員で声を合わせて唱和する「社員の姿勢」、一糸乱れぬ拍手をする「社員の姿勢」を体験することで、金融機関は、「この会社なら安心だ」と確信する。**「社長の姿勢」と「社員の姿勢」を見ていただくことが、結果的には「融資の判断材料」になります。**

経営計画書は、金融機関にもお渡しししています。私は定期的に銀行訪問をしていますが、訪問時には経営実績の数字、決算見込み、お客様動向等、私がメモした内容を各金融機関に同じように伝え、銀行の担当者に目の前で記録していただいています。

業績がいいときも、悪いときも、会社の情報をオープンにして「担当者に直接記入していただく」ことが信用につながるのです。

経営計画発表会第２部は思い切って楽しむ

おわりに

「ありえないほど高い目標」を掲げる理由

●会社は、従業員の夢を実現させる「キャンバス」である

NISSYOという会社は、従業員の夢を実現させるための「キャンバス」です。キャンバスが大きくなければ、大きな夢を描くことはできません。

今年が2億で、来年も2億で、再来年も2億で、3年間ずっと売上が2億円のまま変わらないとしたら、社員は夢を持てるはずはない。「今日と同じ日」がいつまでも続くとしたら、意欲を失います。

社員一人ひとりの夢を実現するために、そして、NISSYOに集う人たちが、

「この会社に入ってよかった」

「この仕事についてよかった」

と言える会社にするには、会社を成長させる必要があります。

そのために当社では、経営計画書（第55期）の長期事業構想書に、

「8年後に総売上高を100億円にする」

「5年後に社員数を300人にする」


という「ありえないほど高い目標」を掲げています。


この数字を達成するには、「今と同じやり方」「今と同じ考え方」では無理です。

新規事業をはじめる、新製品を開発する、新規顧客を開拓する、M&A（企業の合

併・買収）をする……など、「新しい手法」や「新しい事業」など「新しいこと」にチャレンジする必要があります。

ＮＩＳＳＹＯは、「トランス」や「電源装置」といった「ハードウェア」を提供する製造業です。

しかし、現在は事業領域を広げています。

「ＤＸを推進する新たなシステムの開発」や「エンジニアの人材派遣事業」といったソフトウェアの提供を進めているのは、「今のやり方が最高である」「今のやり方が正しい」と考えているかぎり、目標に近づくことはできないからです。

今後は、関連企業、周辺企業とのＭ＆Ａなども視野に入れて、事業規模を拡大していこうと考えています。

●社長が先頭に立って汗をかいて働く

わが社の経営計画書に、「経営計画発表にあたって」と題した一文を掲載しています（毎年書き換え、経営計画発表会で私が読み上げています）。

私はいつもこの文の最後に、

「無理を承知で皆さんに協力をお願いします」

と書くようにしています。これは、「社員に無理を強いる」「社員に仕事を強制する」ためではありません。

「無理を承知で……」とは、

「先頭に立って汗をかいて、無理を承知で私は頑張る」

「総売上高100億円、社員数300人という高い目標に向かって、無理を承知で私は頑張る」

「社員と、社員の家族を幸せにするために、無理を承知で私は頑張る」

という「私自身の覚悟」の表明です。

私は絶対に、会社を倒産させるわけにはいかない。

だからこそ、「無理を承知で頑張る」のです。


同じ時代に生きる縁の不思議と喜びを共有して、命いっぱい自分の花を咲かせ、実を採り、一人ひとりが輝いている会社にする……。

それが社長としての私の「責任」です。


ここまでお読みいただき、まことにありがとうございます。

せっかくできたご縁ですので、機会がございましたらぜひ当社までお越しください。

私たちの現場が皆様のお役に立てば嬉しく思います。

最後になりましたが、この場を借りていつも当社を支えてくださるお客様、お取引先様に、心より御礼申し上げます。また、いつもご指導を賜るだけでなく、本書に推薦の言葉をお寄せくださった、株式会社武蔵野の小山昇社長に厚く御礼申し上げます。まことにありがとうございます。

そして、社員とスタッフの皆さん、家族の皆に心からの感謝の気持ちをお伝えして本書を終えたいと思います。

株式会社ＮＩＳＳＹＯ
代表取締役社長　久保寛一

著者紹介

久保寛一（くぼ・かんいち）

株式会社 NISSYO 代表取締役社長

1957 年、東京都青梅市生まれ。立川高校卒業。早稲田大学理工学部卒業後、81 年に沖電気工業株式会社に入社。半導体事業部に所属しエンジニアの道に進む。89 年にはセールスエンジニアとして国内外のお客様に対応。91 年に退社。父の創業した日昭工業株式会社に入社。3 カ月で転職を後悔。その後、経営のノウハウを株式会社武蔵野・小山昇社長に学び、経営計画書を経営の道具として使いこなし、町工場を売上・利益 10 倍の中堅企業に育て上げる。2018 年に株式会社 NISSYO と社名変更し、ダイバーシティ経営を目指す。経済産業省の地域未来牽引企業に選定、MCPC award 2018 を受賞。全国の社長に会社を公開し、延べ 400 社以上のベンチマーキングを受け入れている。

●株式会社NISSYO
〒205-0023　東京都羽村市神明台4-5-17
https://www.nissyo.tokyo/

ありえない！ 町工場《まちこうば》
20年《ねん》で売上《うりあげ》10倍《ばい》！見学希望者殺到《けんがくきぼうしゃさっとう》！

〈検印省略〉

2020年　7　月　15　日　第　1　刷発行

著　者――久保 寛一（くぼ・かんいち）
発行者――佐藤 和夫

発行所――株式会社あさ出版

〒171-0022　東京都豊島区南池袋 2-9-9 第一池袋ホワイトビル 6F
電　話　03（3983）3225（販売）
　　　　03（3983）3227（編集）
F A X　03（3983）3226
U R L　http://www.asa21.com/
E-mail　info@asa21.com
振　替　00160-1-720619

印刷・製本　文唱堂印刷株式会社

facebook　http://www.facebook.com/asapublishing
twitter　http://twitter.com/asapublishing

ISBN978-4-86667-220-5 C2034